伊然美丽

从怀孕开始的变美魔法

伊然 著
YIRAN WORKS

電子工業出版社
Publishing House of Electronics Industry
北京·BEIJING

自序：

写给即将成为辣妈的你

怎么样？将要孕育一个小生命的你，现在的心情是不是变得有点复杂？

那团在心中燃起的小火苗，充满了激动、温暖与期待；同时又开始为宝宝的健康与未来患得患失、精神紧张……

就像那句话形容的一样：在同一时刻，既有了铠甲，也有了软肋。

想起一位相识多年的朋友，她是个爽朗爱笑、年轻时髦的女生，以前常常见她“刷夜”泡酒吧，第二天依然精神抖擞地去上班，家里的化妆品比我这个美妆从业者都多。即使在结婚之后，她依然拽着老公一起出来玩，但就在去年某天，我居然见到了素颜的她！

连两颊过敏都要戴上口罩坚持画半脸妆的人，居然素颜出现，一定是出了大事，果然，她说自己怀孕了。之后，这位“潇洒小姐”就开始变得忧心忡忡，常问我护肤品会不会对宝宝造成伤害？是不是从怀孕到哺乳期什么美妆品都不能抹？

相信很多新手妈妈都和她有一样的疑虑，毕竟在大多数人心中，怀孕与美容，根本就是两件针锋相对的事情。

也正是因为听到了太多这样的担心，我才决定要好好聊一聊孕期美容这件事。

女神们在当妈妈前，担心最多的就是：脸上会不会长妊娠斑？身上会不会出现妊娠纹？身材是不是要走样了？……这些担心其实都非常有必要，因为女性在怀孕期间十有八九都会经历这些变化。

听到看到很多女性朋友因为担心美妆产品含有化学成分，在孕期放弃保养，想要在生完宝宝之后补回来。我只想说，亲爱的，快放弃这种想法吧！

我们的身体其实非常“任性”，有时候它很强大，强大到即便遇到重伤也能复原；但有时候它又非常脆弱，脆弱到眼角出现了几条皱纹，就再也消除不了。

追求美丽是贯穿一生的功课，任何一个阶段都不该松懈，等到问题出现了再去补救？恐怕结果并没有你想的那么乐观。

“过来人”的那些后悔，难道你还想再经历一遍？

所以，孕期非但不能放弃美丽事业，更应该付出多于以往的精力来好好呵护自己。不能停滞不前，而是要换一条新的路来走。在这个重要的时间段里，身体会发生很多变化，准妈妈们在孕期如何美容保养？如何利用这个时段让自己变得更美？你们的疑惑，不如就让《伊然美丽：从怀孕开始的变美魔法》来解答吧！

因为经常“泡”在实验室里，我会比一般人更熟悉每种护肤品的化学成分，知道哪些成分效果显著，哪些成分更加安全。在之前出版的两本书《任时光流逝你依然美丽》和《伊然爱你：60天让你变美的N种方法》中，我和大家聊过不少关于美丽的话题。而这一本送给孕妈妈的书，除了将我的所学所知融入其中，还有很多内容是与健康专家、孕期护理专家共同探讨的结果，希望它能成为一份送给新妈妈们的美丽礼物。

也许这个世界，对女人的考验更多了一些。经历那些重要的身份转变，从女孩到女人，从妻子到母亲，还有来自学业、事业、家庭以及年华老去的重重压力……时间是怎样爬过了你的皮肤，只有你自己最清楚。

任何一个阶段，都不要疏于管理自己的美丽。

希望这本书，能为正处在孕期或者准备怀孕的你，带去一些帮助。为了未来宝宝的健康，也为了你能够一直美下去，继续加油吧！

Contents
目录
孕期依然美
Pregnancy Beauty

PART1 Base Care

孕期依然美 基础护肤必修课

PART2 Skin Care

孕期皮肤问题 解决秘籍都在这儿

PART3 Body Care

注重身体护理 做 360 度无死角辣妈

Contents 目录

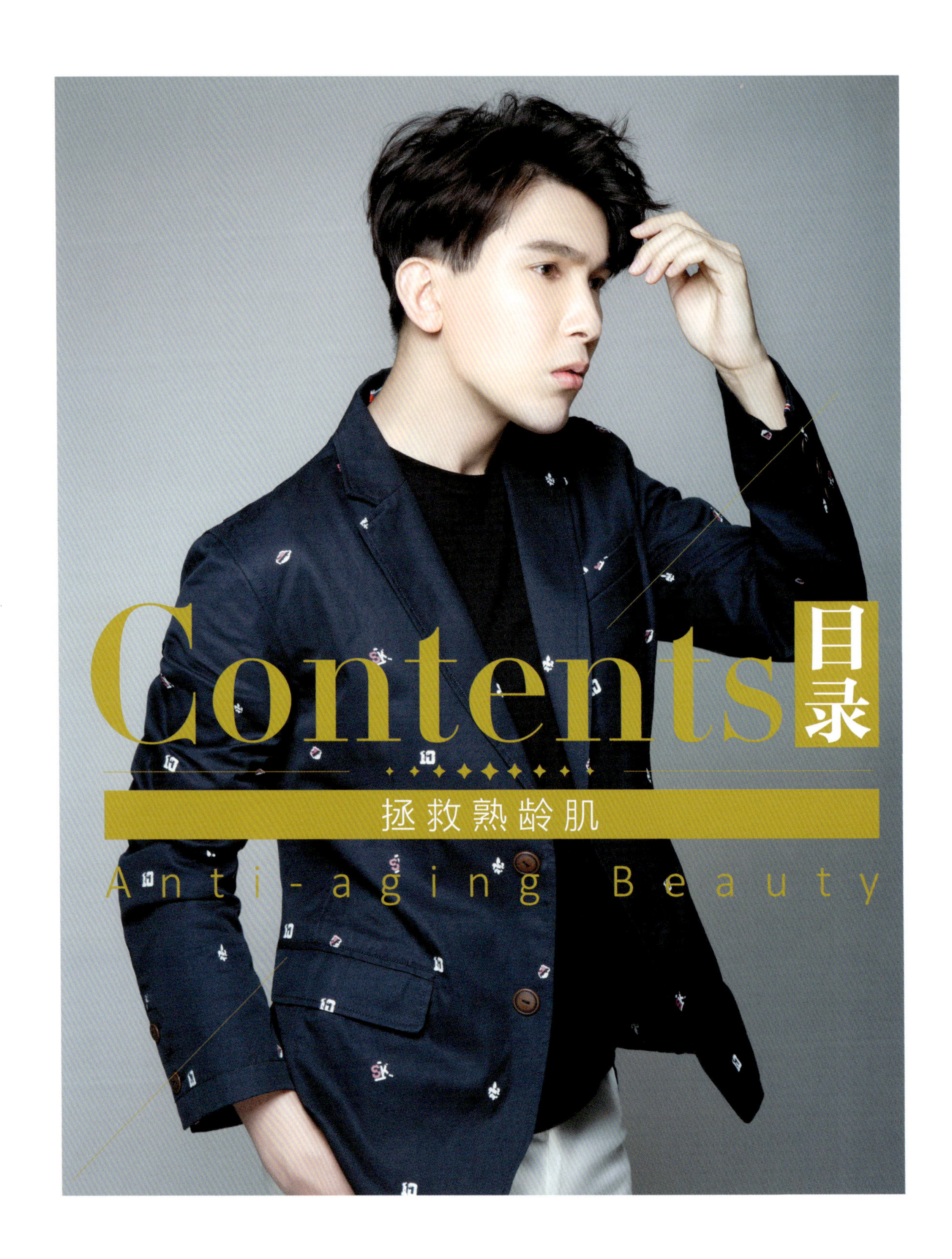

拯救熟龄肌

Anti-aging Beauty

PART 4 Anti-aging Advice

停下来，肌肤冻龄的秘密

PART 5 Eyes & Lips Care

眼唇才是肌肤逆龄的法则

PART 6 Hair&Body Care

善待头发与身体，重返年轻态

PART 7 Medical Beauty

医美除皱，换种方式来变美

Beauty Pregnancy
孕期依然美

PART·1

孕期依然美 基础护肤必修课

Base Care

怀孕就跟保养品说再见？当然不！孕期的美丽将影响你一生的幸福，聪明的女人怎么能错过做美丽辣妈的机会？从孕妈到辣妈，正确的基础护肤也能让你的美丽轻松升级。还不赶紧开启从怀孕开始的变美魔法！

1 旧观念走开

怀孕也不要谈护肤品色变

护肤品都是恶魔？

怀孕，对每一个女性而言都是一生中的重要时刻。然而一旦怀孕，周围就会一直有声音说：怀孕了就别再往脸上抹东西，护肤品中的各种化学成分会危害到肚子里的宝宝，不仅是彩妆，连护肤品都不要再用，这样才最安全。

因此一提到孕期保养，大部分正怀着宝宝和准备当妈妈的女性，都抱着“暂时牺牲”的心态放弃任何保养，打算彻底跟护肤品说再见。然后就开始了素面朝天的生活，甚至等到哺乳期过后，再准备继续保养来补救。

孕期肌肤伤害不可逆 不护肤等于衰老 13 年

女性在怀孕期间，雌激素、孕激素会随着月份增加而升高，肌肤的皮脂类固醇也会分泌增多，从而给皮肤带来一系列损害。导致的结果是：

孕期皮肤的衰老速度明显高于非孕期 10 倍之多。孕产期给女性肌肤带来的损伤相当于 10 ~ 13 年的自然衰老过程，产后的皮肤自然衰老速度比孕前加快 33%~48%，将会提前进入医学中所称的“盛衰期”。

现代医学已经证明，这些肌肤的损害很多具有不可逆性。再加上自然环境受到破坏、化学物质泛滥、社会压力加大，如果女性在孕产期“零”护理或护理不充分，让肌肤得不到有效的保护，其实更容易形成肌肤问题。若错过护理的最好时机，会加大产后肌肤修复的难度，后期往往难以补救。只有及时予以护理才能缓解并避免引发一系列肌肤损伤。

此外，现在大部分都市女性怀孕都是在 25 岁之后，此时皮肤状况本身已经开始走下坡路，如果在怀孕期间不进行保养，皮肤状况更容易趁着这个时机急转直下。

孕期皮肤问题多

女性在孕期内，由于雌激素和孕酮分泌增加，肌肤自我保护与修复的能量不足以应付日益增加的促黑素，进而引发黑色素增多，导致皮肤色素加深，此时的肌肤最惧怕紫外线及辐射，它们会迅速破坏肌肤的防御能力，孕斑出现的机会大大提高。同时，衰减的肌肤能量也无法对抗由此产生的肌肤储水能力及细胞新陈代谢能力下降的威胁，进而导致缺水、干燥、出油、粉刺、痤疮、敏感甚至炎症等一系列肌肤问题。

由于此时的肌肤处于一个敏感而脆弱的阶段，以上问题将成为孕期及产后肌肤护理的难题。

可以说，孕期肌肤问题是每个女性必须面对的问题，孕妈妈千万不要进入需要保护腹中胎儿就忽视孕期肌肤护理的误区。

保养要趁早 清洁保湿防晒隔离是基础

对于女性来说，在孕产期进行常规的肌肤护理对胎儿并不会产生影响。孕产期正确的肌肤护理是减轻皮肤问题的最重要阶段，甚至怀孕期间的保养比平常更重要。随着科学的进步，越来越多的女性认识到

孕产期护肤的重要性。建议女性朋友最好在孕期开始时做好孕期肌肤护理，产后哺乳期也应该继续保养，帮助预防和改善孕产期由于生理变化而引起的各种肌肤问题。

孕期的皮肤状态比平时更加脆弱敏感，建议在妊娠期的肌肤护理工作应以安全为先，基础护理为主，即保证清洁、保湿、防晒和隔离四项必不可少的步骤。让肌肤尽量保持清洁、舒爽，有助于新陈代谢即可，并给予足够的防护，有效抵御紫外线及空气污染、辐射等。

而像美白、抗皱、祛痘这类功能性保养，部分护肤品常用成分容易对孕妇造成影响，所以在孕产期间最好不要进行或谨慎处理。在护肤产品的挑选上，一定要注意产品成分安全。对于护肤品中含有的一些会影响胎儿的成分，也要擦亮眼睛坚决远离。

针对肌肤不同时期变化进行护理

虽说怀孕了也一定要继续保养肌肤，但这并不意味着可以直接将怀孕前的那一套保养功夫延续下来就万事大吉。在孕期，孕妈妈的体内激素发生较大变化，会直接影响到皮肤新陈代谢，肤质产生一定的变化。孕妈妈应该针对肌肤不同时期的变化进行护理，有针对性地按阶段来解决肌肤问题。

在怀孕早期，肌肤往往容易敏感脆弱，所以此阶段保养应以抗敏感为原则，尽量不要使用刺激性的保养品；怀孕中期往往皮肤变得干燥，容易出现痤疮、色斑，此阶段应该以补水保湿为主；怀孕后期则往往容易出现妊娠纹，此阶段保养则尤需注重肌肤修护。

同时，怀孕期间皮肤对环境的变化也会更加敏感。春夏季节雨水多、气温高，皮肤容易黏腻，出油长痘的情况增多；而秋冬季节温度低、空气干燥，皮肤易缺水紧绷，这些都是需要孕妈妈注意的状况。

放松心情 调整保养心态

女性自从怀孕后，无论是心理压力还是生理压力都会随之而来，妊娠期的身体状况也让孕妇对护肤工作显得格外谨慎。此时孕妈妈一定要注意调整好自己的保养心态，放松心情，避免影响到胎儿的发育。

随着怀孕而出现的肌肤困扰，基本都属于正常生理现象，是由于雌激素和孕激素刺激垂体分泌促黑素导致。妊娠结束后一段时间，会自行回复平衡。应该及时处理的基础皮肤问题，也不要忽视，以免给肌肤留下隐患，防止造成心理郁结。

不是怀孕就要素面朝天，甚至一副萎靡不振的邋遢形象，在不伤害宝宝的前提下当个美丽的辣妈，才是最明智的选择。

2 请远离这些 护肤品成分

擦亮双眼 打响护肤品成分安全战

怀孕期间的保养，除了绝对要避免本身就对正常人体有害的护肤品成分，还有些常用成分不再适用于怀孕期间的皮肤，如某些抗衰老、祛痘、美白等功效的产品中所含的成分。只要所选择的护肤品中不含有对妈妈或者宝宝健康产生威胁的成分，就可以放心大胆地使用。

面对市场上琳琅满目的护肤品，其中各类成分陷阱也需要孕妈妈们格外注意，避免影响到胎儿的健康发育。下面一起来看看哪些成分是孕期一定要避免的吧。

护肤品中的有害成分

无论是否是孕期使用的护肤品，都不能含有色素、重金属、激素、荧光剂等成分，这些成分不仅容易引起皮肤过敏，还会危害肚子里宝宝的身体健康和安全。

酒精、防腐剂和矿物油等成分容易对孕期敏感的皮肤造成刺激，不利于孕妈妈养护肌肤，也可能对胎儿产生负面影响，建议要尽量避免。

此外，雷廷 -A(Retin-A)、四环素(Tetracycline)、二羟基丙酮(Dihydroxyacetone)、邻苯二甲酸盐(Phthalates)等成分，如果在产品说明上已标明含有此类成分的产品，建议孕妈妈们不要使用，否则会影响胎儿的健康成长。

孕期禁用护肤品成分

1. 维生素A酸及维生素A醇类成分(Retinyl) |代表产品：抗老化类

维生素A酸又称维甲酸，是维生素A(又称视黄醇)在人体内代谢的中间产物，已经被证实会增加胎儿致畸的几率。很多具有抗老化功能的护肤品中不直接含有维生素A酸，而是以各类维生素A的衍生物形态出现在成分中，如维甲醛、维甲酯，都可以在皮肤内转化成维生素A酸，所以一切含有维生素A(视黄醇)及维生素A衍生物的产品，孕期女性都要远离。

2. 水杨酸(Salicylic Acid) |代表产品：祛痘类

水杨酸也叫BHA、B柔肤酸、2-hydroxybenzoic、Salicylates等，是常用的祛痘类成分，治疗痤疮的大部分产品中都含有这个成分。但水杨酸的抗凝血性，容易导致孕妇小产，或者生产时大出血，或者导致胎儿产生败血症。因此女性在孕期要避免大量使用含水杨酸成分的护肤品，尤其是在分娩前三个月。如果水杨酸出现在洁面产品成分中，则是安全的，因为洁面产品在皮肤表面停留时间很短。

3. 果酸(Alpha Hydroxy Acid) |代表产品：去角质类

果酸，简称AHA，也称为α-羟基酸。可以去除老化角质，改善粗糙、黯沉、调理肤质。果酸浓度越高，对肌肤的破坏力越大，甚至可达到真皮组织，产生副作用的几率也相对增大。对于孕妇而言，这类长时间接触面部皮肤的剥离角质的非温和性成分，都是不建议使用的。

4. 过氧化苯甲酰(Benzoyl Peroxide) |代表产品：祛痘类

过氧化苯甲酰是目前用来治疗青春痘最有效的非处方杀菌剂之一。但是，在动物繁殖性研究中表明，它极有可能对胎儿产生毒副作用。所以在孕期，含有此成分的护肤产品要避免每天全脸涂抹。有国外专家认为，偶尔在肌肤局部治疗痤疮使用含此成分的产品是安全的。

5. 对苯二酚（Hydroquinone） |代表产品：美白淡斑类

又名氢醌，是一种非常有效的美白剂，可以淡化色斑。由于具有一定毒性，研究证实，长期、低剂量地使用对苯二酚容易引发外源性褐黄病、皮肤色素脱失等，因此中国境内禁止在驻留类化妆品（如：膏、霜、乳液、精华等）中添加，但允许在医生的指导下使用，孕妇禁用。由于美国允许市场销售添加浓度 2% 对苯二酚的护肤品，孕妈妈们在购买产品时要特别注意看清产品说明。

6. 二羟基丙酮（Dihydroxyacetone） |代表产品：免晒美黑类

又名甘油酮，是一种无阳光晒黑霜或喷雾中常见的活性成分。尽管本身无色，但二羟基丙酮能通过与表皮死亡细胞反应给接触皮肤着色，被认为是比阳光晒黑或晒黑床更健康的选择。尽管这种碳水化合物不会损伤皮肤本身，但仍然对健康存在危害，孕期禁用。同时在使用含此成分产品 24 小时内，皮肤会变得高度敏感，并容易遭受日晒损伤，需要采取防晒措施，并尽可能待在室内。

7. 邻苯二甲酸二丁酯 / 甲醛 / 甲苯 / 合成树脂 / 樟脑 |代表产品：甲油类

正规品牌的指甲油一般不会含有邻苯二甲酸二丁酯（即 DBP）、甲醛（Formaldehyde）及甲苯（Toluene），这 3 种成分不仅对孕妇，对普通人的危害都相当大，需要格外小心。而合成树脂里通常含有“各种苯类化合物”，“苯”具有致畸性；樟脑的成分比较复杂，可能会透过胎盘屏障，影响胎儿的心律，导致心律不齐。因此含有这几种成分的指甲油也建议不要购买。

8. 大部分精油成分 |代表产品：精油类

精油的分子极微小，很容易经皮肤渗透入体内，所以孕期及授乳期间不适合使用一些精油成分，以免影响到胎儿。以下是孕妇不能使用的精油：洋甘菊、玫瑰、罗勒、肉桂、丁香、薄荷、雪松、没药、丝柏、薰衣草、鼠尾草、迷迭香、牛膝草、茉莉、杜松、樟树、茴香、马郁兰、百里香、艾草、山金车、白桦、薄荷、冬青。

孕妇能使用的精油有橙花、橘子、红柑、柠檬、天竺葵、茉莉、茶树、葡萄柚、针叶松。

3 手把手教你 挑选孕期护肤品

先别急着丢掉旧护肤品

一般来讲，孕妈妈的肤质不会因为怀孕而发生非常显著的变化。不过随着激素分泌增多和天然免疫力相应减弱，孕期肌肤的防御能力会降低，肤质也会变得敏感和脆弱。

只要正在使用的护肤品是正规品牌出品、正规渠道购买、成分安全对孕妇无伤害，而且使用时没有出现皮肤问题，就可以继续用下去。

如果贸然尝试新产品，反而可能让本来就不稳定的孕期皮肤状态因为不适应而出现敏感刺激的反应。

选择正规品牌多参考口碑

为了安全，不仅是在孕期，我们使用的所有化妆品都需要选择正规、可信度好的护肤品牌，并且要到正规的专柜或是旗舰店购买，切不可贪小便宜，造成无法弥补的伤害，宝宝的安全比什么都重要。那些美容院私自出品或者连正规批号都没有的“三无”产品，请坚决远离。

在怀孕期间使用的护肤产品，在购买之前可以多方参考一下使用者们的具体口碑，多了解与自己相似肤质人群的使用感受，这也是购买的一个重要参考标准。

使用新品前先确认无刺激

对于之前没有用过的护肤产品，由于孕期皮肤状态不稳定、易受刺激，最好先索取试用装。试用时不要涂抹在手上，因为手和脸的肌肤适应力差距较大，所以涂抹在耳朵前侧或下巴后侧的肌肤最佳。

若是没有试用装，则可以先买小剂量包装的产品，不要因为大包装的价钱划算就购买，最后发现不适合自己使用而因小失大。

回归基础护肤

很多孕妈妈在怀孕前都习惯了叠加各种功效的护肤品，一层一层的在脸上做功课，但在怀孕期间护肤程序最好化繁为简，以清洁、保湿、防晒、隔离这四类基础的护肤步骤为主。

通常，一些具有祛痘、抗老化、祛斑等功效的产品，容易隐藏不利于孕妇及胎儿健康的有害成分在其中。因此，建议孕期女性选择护肤品时，购买一些基础功效的护肤品即可。

成分越简单、温和越好

女性在怀孕期间选择护肤品时，需要遵守的第一原则就是安全，除了避免前面提到的禁用成分，还要求孕妈妈们要选用温和、无添加，不含有化学成分的护肤品。

护肤品的成分越复杂，则含有有害物质的可能性越大，越容易给孕妇自身及胎儿的健康带来隐患；而且复杂的成分也更容易对皮肤产生刺激。所以，孕期使用的护肤品，成分越简单越安全。

根据皮肤变化调整护肤品

在怀孕早期，肌肤往往易敏感脆弱，所以此时保养应以抗敏感为原则，尽量不要用刺激性的保养品；怀孕中期往往皮肤变得干燥，此时应该以补水保湿为主。同时，不同的天气、季节、环境，也会令皮肤状况有所变化。

孕妈妈应该根据皮肤不同时期的变化来选择适合自己的护肤品，进行有针对性的护理。千万不要偷懒地打算孕产期用一套保养品就成功通关。

不必一味追求孕妇专用

孕妇专用护肤品是根据女性在孕产期肌肤养分结构与肌肤生理特点，使用安全性高的成分专门配制的肌肤养护产品。产品中不含重金属、酒精、激素、矿物油、化学防腐剂和化学香料，对胎儿和孕妇无伤害，同时可以有效改善孕产期的肌肤问题。

但正规品牌的化妆品只要是孕妇可用的，同样不会对孕妈妈及宝宝造成什么危害。而且产品种类多于孕妇专用品牌，也为孕妈妈们提供了更多护肤选择。

4 温和彻底

卸妆+清洁

先确认一下你的脸洗干净了吗？

很多孕妈妈无论怎样精心保养，皮肤总会出现各种小问题，比如黑头、粗大毛孔、痤疮等，这很可能是护肤的起始步骤——卸妆洁面没有做彻底。

现在来检查一下你的脸到底洗干净了没有，皮肤是否还有以下污垢残留？

- 油脂
- 黑头
- 彩妆残留
- 空气污染物
- 老化堆积角质

如果这些面部污垢尚未清洁彻底，那么就该重视自己的卸妆洁面步骤了。

清洁没做好 皮肤问题爬上脸

不少人都有“不化妆就不用卸妆”的误区，事实上无论是淡妆出门，还是不化妆只涂防晒隔离，空气中的污染物、雾霾、尾气、灰尘等给皮肤的负担与伤害都挥之不去。都需要温和有效地卸妆+洁面，不能忽视。

如果长期卸妆清洁不彻底，导致化妆品、污染颗粒等污垢残留、沉淀在皮肤内，容易令孕期原本就敏感脆弱的皮肤引发更多问题。让皮肤变得粗糙、黯黄，并造成毛孔阻塞、变大，肤色黯淡没有光泽，日积月累造成角质层过厚，皮肤松弛等现象。

同时，卸妆清洁也是护肤的重要起始步骤，不净透的皮肤也无法深入地吸收后续护肤品中的营养，让护肤变得事倍功半，效果大打折扣。

温和安全比清洁力强更关键

选择卸妆产品时，女性在怀孕期间由于体内激素的变化，导致肌肤容易出现水油分泌失衡，出油严重等情况，原来光滑细嫩的皮肤也会变得粗糙、毛孔粗大。质地过于油腻的卸妆产品可能就变得不再适合孕期的皮肤状态，加重皮肤油腻感；适合卸除浓妆的清洁力度强的产品，也会超出皮肤正常的卸妆需求。

选择洁面产品时，由于孕期皮肤十分敏感，每次洗脸时应使用无刺激性的温和洁面产品来彻底清洁，可以选择无皂基的产品。但并不是清洁力越强越好，长期使用这类产品容易破坏皮肤表层的保护膜，让皮肤变得紧绷干燥、越来越脆弱。切忌使用含香精、酒精、磨砂颗粒的洗面奶，会让面部的角质变薄变少，还会引起脸部肌肤的刺痛感。

总而言之，孕妈妈们要根据自己皮肤的属性和状态，根据油性、干性、敏感性、混合性肌肤的不同需求，合理选择使用产品，去除彩妆和面部污垢的同时平衡肌肤水油状态，才是清洁肌肤的真谛。

正确卸妆＋洁面宝典

1. 掌握正确的卸妆顺序，先卸唇妆、眼妆，再由面部延伸到颈部等区域。

2. 卸妆时应特别注意鼻翼两侧、眼尾等部位，确保每一处肌肤都能被彻底清洁。

3. 脸部呈湿润状态时不要使用卸妆油或是卸妆乳霜，这样会造成卸妆产品被水先行稀释，并且妨碍乳化，无法发挥完整的卸妆效果。

4. 卸妆产品不要在脸上久留，不管是使用卸妆品还是洁面品最好都不要在脸上停留超过 30 秒钟，洗得太久，就会把油脂和污垢又洗回到皮肤里。

5. 卸妆时，如果使用化妆棉，不要反复擦拭面部，这样反而更会将色彩渗入到肌肤角质层内，并且过度摩擦肌肤，容易造成色素沉淀。应及时更换化妆棉，卸除到最后时需要再取一片干净的化妆棉，倒入适量卸妆产品，检查是否有彩妆品残留。

6. 使用化妆棉卸妆的正确方法：人体的毛孔生长方向是向下的，所以使用化妆棉卸妆的时候一定要从上往下擦拭，避免将皮肤中的污垢擦进皮肤里。而使用化妆棉擦爽肤水的时候要注意从下至上，将护肤养分推进皮肤里。

7. 孕期如果频繁地洗脸，就容易让脸上的水分一点点流失，正常情况下，每天洗两次就 OK 了。有些孕妇的皮肤很敏感，可选用保湿防过敏的产品。

8. 最适宜洗脸的水温，是将开水晾至 34℃左右。此时水的性质与生物细胞内的水十分接近，不仅容易透过细胞膜，溶解皮脂，开放汗腺管口使废物排出，而且有利于肌肤吸收水分，使面部肌肤柔软细腻富有弹性。

9. 洗脸时应以从下往上打圈的手法，彻底清洁面部肌肤的每个部位，并在洗完脸后用干净柔软的毛巾轻蘸脸部，轻轻吸走脸部表面的水分。在脸部还未全干之时，及时使用保湿产品将肌肤水分紧紧锁住。

10. 即使为达到深层清洁效果，也不要过度揉搓肌肤，特别是在已经发炎的痤疮处，有时过度揉搓反而是造成卸妆不当及产生痤疮与其他面疱的原因。

JIANLIAN
JIANLIAN
JIANLIAN

如今大家都崇尚绿色、环保的概念，护肤界的纯天然风也备受推崇。不含化学添加，天然、植物的护肤理念也被越来越多的爱美女性所追求。尤其对处于孕期的女性来说，含有不良化学成分的护肤品不仅对皮肤造成伤害，也可能对胎儿的健康产生影响。所以对于孕妈妈来说，那些含有不良化学成分的护肤品都应该慎用。

当然，也有很多孕妈妈因噎废食，放弃了孕期护肤。在此伊然老师不得不提醒大家，怀孕时期的皮肤保养工作是不能疏忽的。因为孕期导致人体内荷尔蒙变化，会令皮肤出现各种各样的小问题，譬如越来越干燥甚至出现瘙痒、脱皮还有长痘等症状，肤色越来越发黄晦暗。为了对抗这些肌肤问题，怀孕期间正常的基础护肤不能掉以轻心，不仅要做到彻底清洁面部肌肤，也要做好后续的补水保湿。希望给未来宝宝提供最好的生长环境，同时还要照顾到孕期“傲娇”的皮肤。那么究竟孕期应该使用什么样的护肤品呢？别急，伊然老师来帮大家解决！

1. 别偷懒，孕期皮肤清洁别马虎！

怀孕期间由于孕激素的影响，一般女性都会出现面部油脂分泌过多的现象，皮肤变得比较油腻。这时需要选择去油效果好、但又具保湿功效的洁面产品，确保面部清洁彻底，不留污垢，同时不会令皮肤过于干燥。

无化学添加，成分源于天然植物精粹的法国简恋纯植物精油手工皂是伊然老师的心水好物哦！它可以彻底清洁毛孔中的油脂和污垢，同时不会令皮肤干燥。手工皂中含有保湿锁水的甘油成分，容易被皮肤所吸收，是孕妈妈的上佳选择。它拥有十几种不同植物成分的精油手工皂，可以改善孕期皮肤干燥缺水、肤色黯黄、痤疮粉刺等问题。

2. 对抗孕期皮肤干燥，密集保湿别错过

面部清洁做好以后，后续的补水保湿也必须及时跟上。孕期皮肤容易干燥，保养不到位的话，晦暗无光、细纹滋生都会不请自来，所以在使用了基础的保湿水、保湿乳之后，定期使用密集的补水保湿修护面膜很有必要。简恋多重植物精粹焕颜面膜，面膜纸采用天然蚕丝膜布，优秀的渗透力促使更多的精华液被皮肤所吸收。精华液成分来源于珍贵原料与先进植物萃取科技的融合；除此以外，面膜精华液中还含有薄如蝉翼的 24K 金箔，可以快速改变肤色黯沉，让肌肤焕发动人光彩。使用面膜后，皮肤可以获得深层补水、保湿、修复、滋润等。

3. 孕期美丽加乘，好气色的秘密看这里

世界上没有不爱美的女人，所以，很多准妈妈在孕期也不会放过变美的机会。如果要外出见朋友，就需要给皮肤打个底，一款成分天然同时兼具提亮肤色和护肤功效的底妆产品——简恋植萃水漾呼吸气垫 CC 霜就是个不错的选择。

它含有光果甘草、芦荟、樱花、玫瑰等多重植物精粹，可以轻盈遮瑕，提亮肤色，隔离防护，美白舒缓，更具有 12 小时持久不脱妆，贴肤不卡粉的特点，清透细腻为肌肤减少负担！让孕期肌肤更加水嫩光滑，远离肌肤问题。

5 基础保湿 是关键

1 千万别把皮肤缺水不当回事

皮肤缺水是孕期最常见问题

孕妇是肌肤问题的“重灾”群体，因为孕激素的影响、内分泌失调，常会出现各种肌肤问题，其中皮肤缺水干燥是孕期女性最常见的皮肤问题，所以补水保湿是孕期护肤的第一要务。

皮肤缺水 = 护肤做无用功

水润的肌肤是保养的第一要求，防晒、抗老、控油等是在补水保湿的基础上完成的。任何季节、年龄、肤质，都首先需要保证肌肤保持在润泽的健康状态。

皮肤缺水会引发一系列皮肤问题

怀孕后，有些孕妈妈的肤质会发生变化。干燥、敏感都和肌肤缺水存在很大关联，甚至皮肤油腻、长痘也可能是水分不足、水油比例失调导致的，这一切问题的源头就是肌肤缺水。

基础保湿的 4 个关键步骤

皮肤缺水加速衰老

导致皮肤衰老的罪魁祸首除了紫外线，就是干燥缺水了！随着皮肤的干燥度加重，会直接导致皮肤产生干纹，长此以往，干纹会逐渐演变为皱纹。干燥的皮肤也会比正常的皮肤更容易衰老。如果不重视孕期补水，肌肤可能会加剧衰老。

皮肤缺水导致肤色黯淡

实验表明，皮肤在进行保湿护理后的黑色素含量比保湿护理前减少 24%。也就是说，当你的皮肤缺水干燥，黑色素含量也会相应地增多，导致肤色黯淡无光，色素沉积。

孕期不补水，产后保养事倍功半

由于孕期体内荷尔蒙的变化，身体抵御能力降低，皮肤状况也会每况愈下。缺水干燥会导致皮肤产生上述各种问题。在这个特殊时期，孕妈妈们若是忽视了皮肤的补水保湿工作，出现的肌肤问题将很难逆转，等到产后进行补救为时已晚。

孕期补水的 4 大误区

补水、保湿不能混为一谈

不止孕妈妈，很多人都会混淆补水和保湿的概念。其实补水是指补充肌肤细胞的水分，让肌肤细胞水分充盈，促进肌肤细胞间的循环，有利于肌肤的新陈代谢，让肌肤焕发生机。而保湿是指在肌肤表层形成一层保护膜，防止肌肤水分流失。所以在干燥的季节里，孕期护肤应该先补水后保湿，选择补水与保湿兼具的产品。

喝水不等于补水

对有些孕妈妈来说，每天喝水 8 杯以上，还是觉得肌肤不够水润。事实上，喝水很难直接改善我们皮肤的状况。对于健康的肌肤来说，水的源头好像泉眼一样有着充沛的能量。因此，补水应该内调外养，做好里应外合才能保证肌肤的水润光滑。妊娠后期为预防水肿，晚上要少喝水，但是全天水的供应量还要保证。

弄清自己的皮肤是缺水还是缺油

虽然孕妈妈们大多都存在肌肤干燥问题，却不一定是同样的原因。假如自己都弄不清皮肤是缺水还是缺油，那么所有的护肤效果都等于零。孕妈妈必须先找对自己肌肤真正需要的保养品才是上策，切勿将补水与缺油概念混淆。

清晨才是保湿黄金时段

大多数女性都认为，晚上是保养最好的时刻。其实恰恰相反，肌肤也有生物钟，在人体循环影响下，肌肤在 24 小时中的“状况”与“任务”各不相同。每天早晨 8 点，是一天中保湿效果最佳时间。

3 不同皮肤类型补水重点不一样

干性皮肤 | Key words：深度滋养

干性皮肤的孕妈妈们缺水现象最为明显，肌肤容易在干燥的季节形成细小皱纹。使用滋润的保湿产品会有很好的锁水保湿效果，如保湿乳液、保湿霜。建议每隔 2~3 天使用保湿面膜敷脸一次。

油性皮肤 | Key words：水油平衡

油性肌肤应选用清爽的水质保湿产品，如保湿凝露、喷雾、润肤露等，进行水油平衡。

混合性皮肤 | Key words：分区护理

混合性皮肤去除油脂以 T 字区为主，补水滋润以两颊为主。适当地敷面膜帮助皮肤滋润保湿，清除污垢，促进血液循环。

中性皮肤 | Key words：常规保湿

中性肌肤一般状态稳定，油分和水分比例均衡，反而容易让人疏忽皮肤的保养。其实，这类皮肤的补水同样重要，否则再好的皮肤都会老化。

敏感性皮肤 | Key words：夜间舒缓

白天肌肤受外界环境的影响较大，敏感性皮肤可以选择侧重晚间保养，使用适合敏感性皮肤的补水保湿产品，重点舒缓修复肌肤。

6 四季防晒不能停

紫外线对皮肤伤害有多大？

防晒是不少孕妈妈们最容易忽视的步骤，然而紫外线对皮肤的伤害非常之大。紫外线分为长波长的 UVA，中波长的 UVB 及短波长的 UVC，其中 UVC 在进入大气层时，已在臭氧层的防护下被隔离，能辐射到地面的只剩 UVA 和 UVB 了。

UVA：UVA 全天都有，会折射进室内，又称为“室内紫外线”。

它是令皮肤提前衰老、产生细纹的主要祸首。可穿透真皮层，使皮肤晒黑，并会破坏胶原蛋白、弹力纤维甚至纤维母细胞，引起皮肤的光老化甚至皮肤癌。

UVB：又称“户外紫外线”，特别是在海边、草地等阳光折射率强的地方。最具杀伤力的时段是上午 10:00 到下午 2:00。

它是引起皮肤泛红、发炎及晒伤的主因。可到达真皮层，但它可被玻璃、遮阳伞、衣服等阻隔。

女性在怀孕期间，肌肤对光特别敏感，阳光中的紫外线即使在薄雾、阴天也照样存在，因此无论居家或外出都要防晒。同时孕期由于激素分泌的影响，孕妈妈特别容易长妊娠斑，如果再不注重防晒，紫外线就更容易诱发妊娠斑了。

孕期以纯物理性防晒为佳

想要抵挡强烈的紫外线侵害，防晒产品不能少。在选择防晒产品时，如果担心化学性防晒剂中的某些成分可能对孕妈妈敏感的皮肤造成刺激，那么可以选用纯物理防晒产品，在外出前30分钟涂抹即可。

物理防晒粒子可以直接阻挡、反射或散射掉紫外线。这种以防晒剂为主的产品，无刺激，适合敏感肌肤使用，最大特点就是安全，过敏率低，避免了化学成分的刺激隐患。

例如含二氧化钛或氧化锌成分的物理防晒品。二氧化钛俗称钛白粉，是一种允许使用的食用色素；而氧化锌，皮肤科可用来治疗湿疹、皮炎等疾病，可以用于眼周肌肤等敏感处。

依据个人肤质不同，取舍产品时也要有所辨别。油性肌肤宜挑选浸透力较强的水性防晒用品，不宜使用油类的防晒品；干性肌肤宜选择霜状的防晒品；中性皮肤则无严格划定。

防晒看准 SPF、PA+

防 UVA（防晒黑）的指数，以 PA+ 或者 PPD 来表示，PA+=PPD2，依此类推，指的是可以在 2 小时内防护 UVA。

防 UVB（防晒伤）的指数，以 SPF 表示，后面加数字表示倍数，一个倍数为 15 分钟至 20 分钟，防止 UVB 的时间为 15 或 20 分钟乘以倍数。例如 SPF15 是指 15 倍的防晒强度，也就是防止 UVB 的时间为 15 或 20 分钟乘以 15 倍的意思。倍数越大，防晒时间越长，防晒效果越高。

根据场合选择不同防晒系数

孕期女性不一定需要买防晒系数过高的产品。每个人的肤质不同，当防晒系数越高时，就意味着增加了更多的防晒剂，对肌肤的刺激也就越大，质地也会偏油。通常女性怀孕后皮脂腺分泌油脂较多，无法接受质地太油的防晒用品，因此孕妈妈要根据自己的实际需要来选择适合的防晒系数。

不同防晒需求的孕妈妈，可以参考以下场合进行选购：

- 出门少或居家时：选择 SPF8~SPF15 的产品；
- 日常上班：选择 SPF15~SPF20 的产品；
- 户外活动：因工作关系或休息日在外活动，又没有时间补擦，则可使用 SPF30 的产品；
- 旅游：到海边或阳光强烈的地方，则可选择 SPF50 的产品，并且每隔 2~3 个小时补擦一次。此外，戴一顶宽边的防晒帽或撑把遮阳伞，都能让防晒效果加分。

P.S. 去年没用完的防晒霜，或者开封超过三个月以上的产品，防晒力度已经大大减弱，为了更好地抵御紫外线，还是扔掉它们吧！

晒后修复别省略

最后，使用防晒霜只是表层防护，而肌肤更需要深层修复。被太阳暴晒过的肌肤往往受到一定程度损害，所以孕妈妈应使用晒后修护及具有滋润锁水功能的产品，里应外合，配合防晒，使修复效果更有保障。如果缺少晒后修复环节，对皮肤的损伤也会很大。

白天使用了防晒品，在回到室内或晚上休息之前应洗去防晒品。之后使用孕期适用的安全温和的晒后修复产品，以达到对皮肤完整的保护。

7 隔离比你想象中更重要

1 隔离霜到底有哪些用处？

隔离脏空气污染

隔离霜的最大作用是隔离空气中的污染，女性在孕期肌肤都比较敏感，雾霾中又含有很多污染颗粒。如果不采取保护隔离措施的话，肌肤将会直接暴露在污染之下，无疑会对肌肤造成刺激。这些物质依附在肌肤上，会影响肌肤的新陈代谢，导致毛孔粗大，甚至衍生皮炎等问题。

使用隔离霜相当于把肌肤锁在了一个相对安全的环境中，能够有效降低肌肤的过敏率，处在这个到处都是污染物质的环境中，隔离霜能够帮助孕妇保护皮肤免受污染侵害。

Tips：

建议孕妈妈在空气污染严重时尽量不要外出，多在室内活动；如果一定要外出最好带上防雾霾的口罩。裸露在外面的肌肤一定要涂抹隔离霜做好隔离工作。

外出时，皮肤上吸附的脏东西较多，并不适合补妆，如果感觉皮肤干燥，也不适合用喷雾之类的产品直接给皮肤补水；回到室内后，应先擦去皮肤表面的灰尘再补妆或补水。

隔离彩妆伤害

隔离霜还能够起到隔离彩妆的作用。很多彩妆产品都含有化学成分，容易对肌肤造成负担，这时候隔离霜的作用就是在彩妆和肌肤之间建立一个隔离带，防止彩妆的使用对孕期敏感的肌肤造成伤害。

隔离辐射侵袭

隔离霜的第三个作用就是能够起到一定的防辐射作用。这对于需要在电脑前工作的孕妈妈来说非常重要。长时间看电视或电脑，屏幕周围的尘埃中含有大量的微生物和灰尘粒子，附着皮肤过久，会导致脸部出现斑疹等皮肤病；辐射也很容易造成肌肤衰老、色斑等情况发生，使用隔离霜进行抗辐射是一种不错的方法。

但不要认为不使用电脑就不需要隔离防辐射了，看电视、手机等电子产品也会有辐射。不仅对皮肤造成伤害，更会在人体内累积辐射能量，如果过度接触会对母体和胎儿产生不良影响。

另外，电脑显示器和电视虽然辐射不高，但孕妈妈们使用后仍然应该及时清理面部皮肤吸收的辐射物质。同时使用时注意保持安全的距离、控制使用时间都是防辐射的方法。此外，冰箱、复印机、微波炉、电热毯等各种电器的辐射无孔不入，都应避免长时间近距离接触使用，不用时要拔掉电源。

Tips：

除了面部涂抹隔离霜，一款好的防辐射服能够起到身体防辐射的作用。不仅可以减少办公室电脑的辐射污染，也能避免家庭中的微波炉、电视、电话等污染的侵害，对宝宝和母亲的健康至关重要。从电磁辐射防护的角度来看，防护面料的防护性能指标一般在 20~40 分贝左右，个别做得比较好的可以达到 50 分贝，但做到 60 分贝以上是完全不可信的。

关于隔离霜你还需要知道这些

单纯防晒霜不能代替隔离霜

防晒霜一般只有防晒功能，并不能起到隔离的作用。而有些隔离霜则会添加防晒效果，同时兼具防晒隔离，日常使用起来更方便。但如果要应对强烈的紫外线，相比专业防晒霜，这类隔离霜的防晒指数并不足以应对。

美白抗老化类慎选

要注意的是，并不是所有的隔离霜都适合孕妇使用。比如美白祛斑和抗老化的隔离霜，可能容易添加影响孕妇及胎儿的抗氧化成分、美白成分，选购前要确认成分是否安全温和，再使用。

附加妆前乳 / 肤色调整

有些隔离霜具有妆前乳的功效，帮助后续使用彩妆更加服帖持久。除了白色或透明色的产品，有的隔离霜还通过不同的颜色起到修饰肤色的作用，比如紫色、绿色、粉色、裸色等。紫色适合偏黄的肤色，使皮肤看起来很有光泽；绿色适用于偏红或多粉刺的肌肤，调整改善不均匀的肤色，增白效果也较紫色隔离霜明显，但不能涂得太多。

8 关于美容仪和美容院项目的一切

孕期能使用哪些美容仪？

很多爱美的女性在怀孕前都喜欢使用各类家用美容仪器，那么问题来了，怀孕后还能使用吗？

导入仪 NO!

导入仪是以电极同性相斥、异性相吸的物理原理，通过微电流刺激的作用，利用离子导入精华或者导出毛孔中的脏东西，提高渗透率。这类电流型的美容仪是不适合孕妇使用的，因为即使电流很小也会通过皮肤流遍全身，微电流可能对胎儿造成不良影响。

射频仪 NO!

射频美容仪是利用无线电波穿透表皮层达到皮肤深层，加热刺激真皮层达到促进胶原蛋白生长，缩短胶原拉紧皮肤，促进淋巴循环。在孕期不可以使用，尤其孕后期，容易引起宫缩导致早产。对哺乳期的影响较小，可以询问医生是否适合自己的状态再使用。

彩光仪 遵医嘱！

比较常用的是红 / 蓝光仪，利用脉冲光的原理对皮肤杀菌祛痘（蓝光）和增加胶原蛋白（红光），穿透力更深。没有研究表明孕妇不能使用彩光仪，但每个孕妈妈的情况不同，为了安全起见，可以先询问医生，再确定是否适合使用。

按摩仪 **看种类！**

普通的按摩仪主要通过纯物理按摩帮助瘦脸提拉、消除水肿、刺激血液循环，这类仪器是对孕妇没有影响的。但一些具有除皱功效的按摩仪，利用弱电流来刺激皮肤提升和刺激胶原蛋白生长。孕妈妈们就需要注意慎用，避免微电流影响胚胎发育。

洁面仪 **YES!**

洁面仪是通过声波带动刷头进行高速摇摆振荡产生流体动力，深层清洁，去除毛孔内污垢，提升清洁效果和提升后续保养吸收。声波震动本身是不会产生辐射的，所以不用担心辐射危害，对孕妇健康没有影响，大家可以根据自己的肌肤状况掌控使用频率。

蒸脸仪 **不建议！**

蒸脸仪的作用在于打开肌肤毛孔，帮助皮肤提高对后续护肤品的吸收，同时还有补水的作用。但是经常使用蒸脸仪会破坏皮肤的锁水能力，加上蒸脸仪还具有一定辐射，所以孕妇最好不要经常使用蒸脸仪，建议干燥季节每月使用 2 次即可。

电动牙刷 **Yes!**

市面上大部分电动牙刷是声波震动牙刷，是指类似于声波振动频率的刷毛快速运动完成超越传统手动牙刷的超强清洁效果，很多还有按摩牙龈、美白、固齿等保健作用。女性在怀孕 2~3 个月时容易有牙龈松软、红肿、出血等症状，使用声波电动牙刷能有效清洁并保护牙齿。

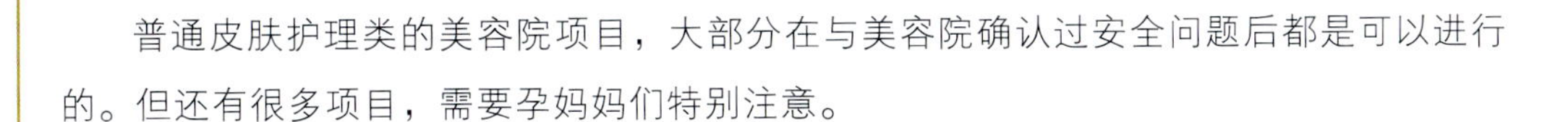

孕期能做哪些美容院项目？

普通皮肤护理类的美容院项目，大部分在与美容院确认过安全问题后都是可以进行的。但还有很多项目，需要孕妈妈们特别注意。

医美 分项目！

部分医疗美容项目在治疗过程中伴有针刺感、灼热感、强光感等，容易对孕妇的皮肤产生不必要的刺激，而且基本上都会造成某些皮肤组织的损伤，而皮肤在孕期修复功能较弱，不利于恢复。需要提醒的是，医美过程中的刺激对某些特别敏感的人来说，可能影响乳汁分泌。从安全角度出发，建议哺乳期后再考虑进行医疗美容。

香薰 慎选择！

怀孕 3 个月内的孕妇最好不用，因为香薰精油对胎儿的发育没有好处，还可能导致流产。怀孕 3 个月后，孕妇也要慎重选择香薰产品：柠檬、天竺、薄荷、柑橘、檀香木可于怀孕 12 周后使用，而茉莉、玫瑰、薰衣草则要在怀孕 16 周后才能使用。

脱毛 NO!

女性在怀孕期间，体内雌激素和孕激素水平要比未怀孕时增多，内分泌也会有细微变化，有些人怀孕后毛发可能会比往常明显。这时，绝对不能使用脱毛剂脱毛，也不宜用电针脱毛，可以用专用脱毛刀刮除。脱毛剂是化学制品，会影响胎儿健康；而电针脱毛效果并不理想，电流刺激还会使胎儿受到伤害。

按摩 Yes!

适合孕妇的按摩项目能令孕妇精神放松，舒缓怀孕时的紧张和不适，但一定要选择合适的手法和部位。一般不主张对孕妇的腹部进行按摩，进行足部反射按压和压点按摩的力度一定要轻。

桑拿 尽量不要！

孕妇最好慎重进行桑拿，因为超过 50℃的高温会使怀孕 3 个月的孕妇增加流产的机会，怀孕 7 个月后则有早产的可能。

PART·2

孕期皮肤问题 解决秘籍都在这儿

Skin Care

长斑、冒痘、过敏、肤色黯沉、毛孔粗大、面部水肿……
孕期皮肤问题再多，这里也有轻松解决它们的保养秘籍。
你会发现，拥有媲美明星妈妈的健康美肌其实很简单。

1 怀孕长斑 不再怕

什么是妊娠斑？

对于做足多年美白功课的孕妈妈来说，怀孕期间最大的梦魇莫过于脸上突然冒出的大片色斑。

妊娠斑，也叫黄褐斑、蝴蝶斑或色素沉着。为面部对称而局域性淡褐色至深褐色斑片。多分布于鼻梁、双颊，也可见于前额。一部分孕妇在妊娠 3 ~ 5 个月时出现妊娠斑。70% 的孕妇会产生妊娠斑。

妊娠斑出现的原因

这种色素沉着是由于孕期脑垂体分泌的促黑色素细胞激素增加，以及分泌大量孕激素、雌激素，致使皮肤中的黑色素细胞的功能增强之故，属于妊娠期生理性变化，不必担心，也不需要治疗。

由于怀孕时内分泌的改变，绝大多数妊娠妇女的乳头、乳晕、腹正中线及阴部皮肤着色加深，深浅的程度因人而异；原有的黑痣颜色也多会加深。

如何减轻妊娠斑

通常情况下，女性生产完荷尔蒙恢复正常后，面部黑色素沉淀就会渐渐淡化，妊娠斑会在生产后 3~6 个月内自行减轻，甚至消失，但仍有 30% 的人会留有斑点。

但孕妈妈们也不要对祛斑失去信心。预防色斑从基础做起，在怀孕期间并不需要急于祛斑，而应尽量做好基础护理以预防或缓解这类色斑的出现。只要提前掌握以下法则，再针对不同肤质，根据色斑产生的不同原因，选择针对性的方法，就能把妊娠斑出现的可能性降到最小。

1. 日光照射与妊娠斑的发生和加重有重要关系，波长 280nm ~ 400nm 的紫外线可增强黑色素细胞活性，引起色素沉着，并加剧斑点形成。夏季日晒充足，色素活动频繁，导致斑点数目增多，颜色加深，损害变大；冬季日晒较少，斑点数目随之减少，颜色变淡，损害缩小。总之，要全年使用既能防 UVB 也能防 UVA 的防晒品，重点防 UVA。

2. 防止各种电离子辐射，室内照明用的荧光灯也会加重色斑。因此孕妇应尽量远离各种显示屏、荧光灯、X 光机、紫外线照射仪等。这类产品均可产生类似强日光照射的效果，甚至比日光照射的损伤还要大，其结果是导致色斑加重。

3. 使用专业的祛妊娠斑产品，是最有效消减妊娠斑的方法。有条件的孕妈妈可以购买适合自己的祛妊娠斑霜。坚决不能使用含有激素、铅、汞等有害物质的“速效祛斑霜”，对皮肤伤害非常大。

4. 孕妈妈的皮肤一般分为敏感性肌肤、干性肌肤、油性肌肤、中性肌肤，每种类型的肌肤都可能出现长斑的现象，也就是说每种肌肤产生妊娠斑的原因都不同，所以祛斑一定要分肤质才能达到美白效果最大化。

5. 女性在孕期需注意保证皮肤的油脂分泌充足，良好的皮肤弹性将有利于承受孕期生理上的变化，如果肌肤酸碱度平衡，新陈代谢顺利，怀孕时不容易长斑。

6. 坚持用冷水和热水交替冲洗脸上长斑的部位，不仅能清除皮肤表面的老化角质，促进皮肤新陈代谢，还能调节皮脂分泌，皮肤深层污垢得到清除，可有效防止黑色素沉积。

7. 避免劳累、熬夜，保证充足的睡眠。每天晚上 10 点准备入睡，且在 11 点前一定要熟睡。因为夜间 11 点到凌晨 3 点是肝胆系统充血、排毒的时候，如果熬夜，会造成解毒、代谢不顺，将更容易使色斑生成。

8. 食物帮助抑制色素沉着。多食用能合成谷胱甘肽的食物，如洋葱、大蒜、番茄等，有抑制色素沉着、减缓皮肤衰老的作用。多食用富含维生素 C、维生素 E、维生素 B、维生素 A 的食物，尤其应多摄入水果及绿叶蔬菜。

9. 白天少吃感光类食物，如：香菜、芹菜、菠菜、竹笋、葱、蒜等，这些食物会导致黑色素沉淀。忌烟酒，少喝过浓的咖啡。避免刺激性的食物，引致黑色素分子浮在皮肤表面，使黑斑扩大及变黑。

面部色斑越在早期，越容易治疗。选用正确的祛斑方法，避免盲目祛斑，否则不仅没有解决问题，反而会加重色斑，增加治疗的时间和经济成本。也不要追求立竿见影的效果，对妊娠斑的治疗可能需要好几个月才能有所改善。

如果在产后几个月妊娠斑还没有消退，可以去医院皮肤科咨询，医生会建议你使用含有对苯二酚的漂白面霜（有些面霜中也可能含有防晒成分）、含有维甲酸的药物或者类似乙醇酸的化学除斑剂。当然，如果你正在哺乳或打算很快再次怀孕的话则不宜使用。还可以到正规医院，用激光等手段去除斑点。

2 孕期美白要慎重

孕期变黑是正常现象

很多孕妈妈会发现，曾经的白皙肌肤颜色变深了。怀孕期间，女性体内的荷尔蒙有所改变，会发生色素沉淀的现象，这是由于雌激素和孕激素刺激了垂体黑促素的分泌，属于正常现象。妊娠结束后，等上一段时间，会自行恢复平衡。

防晒比美白更重要

怀孕期间皮肤黑色素比较活跃，做好防晒工作可以避免黑色素细胞因受紫外线刺激而被活化，这样可以在一定程度上防止皮肤色素沉淀。正确使用温和的防晒产品，尽量避免在紫外线强烈的中午时段出行，平时配合遮阳伞、遮阳帽等辅助用品。

在孕期做好防晒保护，比使用美白产品更重要。产后半年到一年的时间，妊娠斑自动消除的几率相当高，大可不必在怀孕期间过于追求白皙肤色。

不合格的美白产品危害大

如果已经产生肤色变黑现象，希望通过美白产品来加速妊娠斑的淡化和消除，则要慎重选择美白护肤品，以避免对胎儿造成影响。

不合格的美白祛斑产品中可能含有砷、铅、汞等有毒物质，被孕妇的皮肤和黏膜吸收后，可透过胎盘屏障进入胎儿循环，影响胎儿的正常发育，导致胎儿畸形，还有的化妆品中的某些成分经阳光中的紫外线照射后会产生有致畸作用的芳香胺类化合物质。

拒绝曲酸、对苯二酚等美白成分

在怀孕过程中如果要使用美白产品的话，在选用时需格外注意美白产品的成分，最好请教专业的皮肤科医生。

例如曲酸、对苯二酚等美白剂，就是孕妇禁用的成分。在购买产品时要看清是否含有这种成分。还有一些美白护肤品，其中含有的微量金属元素都被控制在安全范围内，但长期、低剂量地使用可能还是会对胎儿有影响。

因此为了保证宝宝的健康，确保美白产品的成分安全，选择性质温和、天然的产品，是重中之重。

不推荐吃美白丸

对于市面上的美白丸类产品，则不推荐孕妇服用任何口服的美白祛斑美容补剂。即便是正规祛斑类的药物，都属于“慎用”而非“禁用”范畴，并非不安全，不过孕期身体状况本身已经不稳定，有时候又要配合服用某些特殊药物，这种情况下，除了医生推荐的必要维生素之外，最好别再乱吃补剂。

这样美白更健康

1. 适量地补充维生素 C

适量地补充维生素 C 是避免孕妈妈们变黑的重要一步。维生素 C 能通过将多巴醌还原为多巴，减少黑色素的生成，并且直接将深色氧化性黑色素还原成浅色还原性色素，加快肌肤新陈代谢，促进肌肤新细胞的生成。番石榴、奇异果、草莓、圣女果、番茄、白萝卜、马铃薯等都富含维生素 C。

2. 白天远离感光食物

感光食物会降低皮肤的抗晒能力，使皮肤变黑或出现晒斑、丘疹、水肿等皮肤炎症，容易出现晒斑或是容易晒黑的人不宜多吃，食用后不宜立刻晒太阳或在强光下活动。感光食物主要有柠檬、芹菜、油菜、菠菜、茄子、香菜、莴苣、苋菜等。

3. 适量摄取红黄色的蔬果

红黄色的蔬果，如胡萝卜、芒果、番茄、木瓜、番薯、南瓜等，大多含有大量胡萝卜素及其他营养素，有助于抗氧化，增强皮肤抵抗力。不过，这类美白食物要注意摄入量，摄取过量脂溶性的胡萝卜素会累积在人体内，不但有毒性，而且容易让肤色显得偏黄，停止摄入后，需要一段时间才能慢慢代谢掉，故不宜食用过量。

4. 多喝牛奶

牛奶中含有脂肪、蛋白质、维生素、矿物质等，特别是含有较多维生素 B 族，能够滋润肌肤，保护肌肤，防裂防皱，使皮肤光滑柔软白嫩，减缓黑色素的沉积，从而起到护肤美容作用。牛奶富含蛋白质，促进人体内新陈代谢活动，防止产生痤疮、黑斑。

5. 食用大豆制品

大豆中的异黄酮素是一种植物性雌激素，可以代替部分女性荷尔蒙的作用，帮助对抗老化，同时具有抗氧化能力，是女性维持光泽细嫩皮肤不可缺少的一类营养素。豆制品对胎儿也有一定的好处，不但不会增加流产的风险，而且对于孕妇及胎儿是有益的。豆腐、豆浆（建议不放糖）是很好的美白食物，热量低，可以多食用。

3 远离粗大毛孔 陷阱

拒绝孕期肌肤粗大毛孔

孕期肌肤所要面临的挑战不少，毛孔粗大是孕期常见的肌肤症状之一。受到孕激素影响，肌肤油脂分泌过多，与污垢混合后导致肌肤出现毛孔粗大堵塞的症状，形成黑头。一旦毛孔粗大，会使细菌容易侵入，产生青春痘等肌肤困扰。微尘和彩妆等污垢堵塞毛孔，让毛孔更为明显，肌肤变得粗糙。

想要解决这些症状，孕妈妈应当选择适合自己的护肤品，给皮肤温和清洁，重视后续的补水锁水，调节水油平衡。此外，还要避免护肤陷阱以防加重毛孔粗大。

这些陷阱都是毛孔粗大的罪魁祸首

陷阱 1. 清洁不彻底 / 过度清洁

对付毛孔堵塞，最好的办法就是做好肌肤清洁工作。如果清洁不当，新陈代谢不顺利，老化角质无法如期脱落，就会堵塞在毛孔里，导致毛孔扩大。但是如果清洁得太过用力，让皮肤严重缺水、紧绷干涩、干燥脱皮，反而容易让肌肤产生角质代谢不正常或老化现象，过犹不及也会让毛孔越来越大。

陷阱 2. 卸妆工作没做好

如果因工作劳累而偷懒，只用洗面奶洗一下脸，而没有使用专业卸妆产品卸干净彩妆，久而久之，这些没有被清洁干净的彩妆颗粒，就会渗透进毛孔内，造成毛孔堵塞。

陷阱 3. 一味地去除角质

毛孔粗大并不等同于需要一味地去除角质，如果你的毛孔是因为污垢阻塞或者老化引起的，去角质并不能去除污垢，反而会降低肌肤保水度，加速毛孔细胞的萎缩，加剧毛孔粗大。

需要去角质时，可选择温和不刺激的产品，避开果酸、A 酸等对孕妇有影响的成分，促进角质代谢。

陷阱 4. 用冰水洗脸

冰水洗脸能起到一定的收缩毛孔的效果，但冰水很难溶解污垢、很难洗掉肌肤表面的洁面产品，容易导致出现毛孔阻塞现象。而且低水温虽然令毛孔收缩，但同时也降低了肌肤吸收养分的能力，造成肌肤无法得到充分的补水和滋养，久而久之出现干燥、松弛，毛孔反而更大。所以，孕期护肤最好使用温水洁面。

陷阱 5. 手不干净，直接涂抹化妆水

涂抹化妆水时，不能保证双手干净卫生的话，直接用手涂抹化妆水容易将手上的细菌带给肌肤。推荐以化妆棉作为护肤工具，将化妆水倒入化妆棉擦拭全脸肌肤做二次清洁。使用化妆棉的话，可以擦拭到眼部周围以及脸部轮廓，甚至是鼻子两侧都能兼顾到，还可以节约化妆水的用量。

陷阱 6. 只控油不保湿

很多孕妈妈为了对抗油脂分泌，只使用含抑油、控油成分的产品，却忽略了保湿润泽工作。这样会令肌肤因缺水而呈现过度出油的补偿作用，令皮脂腺反而分泌更多油脂，造成毛孔粗大加重。因此，控油之余，还要适时涂抹清爽的保湿产品。只有维持水油平衡，才能更好地控制油脂。

陷阱 7. 保养步骤过多，护肤品涂抹量太多

虽然肌肤保养很重要，然而也要注意适度。过多的保养品，让肌肤吸收不了多余的营养，停留在肌肤表层上，造成毛孔堵塞，毛孔就容易被越撑越大。想要收缩毛孔，必须要有耐心，采取正确的调养方法，让肌肤重新呼吸。

陷阱 8. 底妆过厚

毛孔是肌肤呼吸的重要通道，每时每刻都在呼吸，而过厚的底妆就是对毛孔做过长时间“闷不透气”的虐待。令毛孔不仅不能呼吸，里面的皮脂更无宣泄的管道，把一天 8 小时缓慢代谢的皮脂全部都挡在出口等待机会排出，毛孔口这个临时收容所当然就被越撑越大。所以底妆质地、用量和上妆手法同样很重要，补妆时也要适度。

陷阱 9. 熬夜作息不规律

长时间的生活压力及焦虑、睡眠不足都会导致油脂分泌过度，造成毛孔粗大。因此孕妈妈们一定要避免熬夜，睡眠充足，尽量保持心情愉快。

4 跟黯沉肌“黄脸婆”SAY NO

怀孕后皮肤黯黄的原因

孕期皮肤容易黯沉，糟糕的气色让孕妈妈们十分苦恼。导致肤色黯沉的原因主要包括以下几方面：

1. 妊娠期黑色素增加

通常情况下，妊娠期垂体分泌促黑素细胞激素，使黑色素增加，加之雌激素的明显增多，使孕妇肤色黯黄，属于正常的现象。

2. 老废角质堆积

健康角质层仅 0.2mm 薄，但是怀孕容易导致角质角化、代谢不顺畅。因为角质层原本就是角化死亡、带有大量黑色素的细胞，老废角质的堆积一旦厚度超过 0.3mm，肌肤就会显得黯沉无光，并造成肌肤触感粗糙。

3. 油脂氧化

怀孕期间皮肤油脂分泌频繁，如果没有控制好肌肤出油，肌肤分泌出的油脂便会在空气中氧化，混合空气脏污，很容易造成视觉上的黯沉、蜡黄。而出油的最终产物，就是粉刺、黑头，是剥夺肌肤透明感的因素。

4. 肌肤保水度不足

孕期肌肤容易干燥缺水，当肌肤缺乏水分，角质层的调节功能就会下降，导致孕期皮肤黯沉，滋生细纹。面对日晒、污染，皮肤抵抗力会明显减弱。

5. 紫外线、辐射、脏空气

当皮肤曝晒在紫外线下，令肌肤角质层受伤，刺激黑色素过度生成，使皮肤表面触感粗糙，脸色看起来自然显得黯沉。长期面对电脑屏幕，上面的静电会产生很多眼睛看不见的细微灰尘沉积在脸上，也是带来黯沉的疑凶。此外，雾霾、脏空气等，都让皮肤黯沉状况加剧。

6. 不正常作息

孕期作息不正常会造成身体新陈代谢能力下降，影响黑色素生成与代谢、降低表皮层的修护能力，也可能造成内分泌的混乱，进而影响肤质。新妈妈产后照顾宝宝也容易过于操劳，睡眠时间减少，睡眠质量较差，造成产后皮肤黯黄。

7. 血液循环不佳

肌肤的表面如同一道半透明的薄膜，当血液在真皮层内的微细血管中正常流动时，血液的颜色是鲜红的，透过表皮呈现出的肤色才能健康自然。反之，血液循环不佳，暗红色的血液滞留在毛细血管中，肤色自然晦暗无光。

怀孕皮肤黯沉怎么办

要避免孕产期肤色黯淡发黄，改善皮肤黯沉，提亮肤色，可以运用这些方法来进行调节。

1. 正确温和去角质，清扫角质垃圾

孕期皮肤容易敏感，去角质时需要选择配方温和、适合日常使用、能温和地清理皮层的产品，频率不要太高。化学性去角质产品比物理性去角质产品更适合干性肌肤或耐受性差的肌肤使用。含有维生素 A 或果酸成分的去除角质产品则不适合怀孕期间使用，需要避免。另外，去角质后更需要防晒，并坚持使用隔离产品远离脏空气。

2. 保证水油平衡，去除油光满面

很多人会陷入误区，以为皮肤出油只要强效控油就好了，殊不知太用力控油，结果只会越控越油。控油的关键其实还是保湿，把肌肤调整为完美的水油平衡，肌肤才能摆脱黯沉命运。

3. 使用温和的美白产品

想要提亮肤色、对抗黯沉，大家自然会想到使用美白类的护肤品。但对于孕妈妈来说，美白产品的选择需要更加慎重。如果使用含有氢醌（对苯二酚）等美白成分的产品，可能会危害胎儿健康。因此使用安全温和的美白护肤品尤为重要。

4. 按摩促进面部血液循环

想要赶走黯沉，改善血液循环，面部按摩是一个不错的方法。可以提高肌肤新陈代谢的能力，活化肌肤，帮助肌肤细胞再生，扫走倦容，令肤色恢复红润光彩。在按摩时，建议配合具有改善微循环效果的按摩霜或精华液一起使用，可以减轻按摩时的摩擦力，防止因按摩不当造成细纹。

5. 孕期坚持有氧运动

女性在孕期进行适度的有氧运动，特别是孕中后期，不仅能够带动身体的新陈代谢，促进全身血液循环，排除体内毒素，改善气色，对皮肤健康大有好处，还有利于帮助日后顺利分娩。建议每周两次，每次进行至少一小时的有氧练习。

6. 科学进补，饮食平衡

营养不良会使人的气色不好，过度进补也会影响孕妇的健康。孕期饮食一直是孕期保健的重要方面。为了孕妇和胎儿健康，孕期饮食最好做到科学进补，饮食平衡。多吃蔬菜和水果，既有利于消化，还能促进营养吸收。

相信在每位爱美女性的保养品清单中，都少不了“面膜”这款护肤法宝。的确，作为可以为肌肤带来密集修护的“一把好手”，面膜扮演着举足轻重的角色。

为什么需要给皮肤进行密集护理呢？因为可以给皮肤带来伤害的因素实在太多了。譬如空气污染、紫外线、数码产品辐射、熬夜等不良生活习惯，都会给皮肤带来各种各样的问题。如果放任这些肌肤问题不理，或者没有很好地改善和修复它们，那这些小问题便“伙同”岁月这把“杀猪刀”，让皮肤状况走向不可逆转的衰老境地。皮肤会越来越干燥，面部纹路越来越清晰深刻，衰老与日俱增。而面膜可以给皮肤带来密集、充足的水分和营养，是皮肤出现问题时的“后援兵”，定期做面膜，是短时间内改善皮肤问题的有效方法。

“擒贼先擒王”，皮肤护理也要抓重点，肌肤问题的万恶之源是缺水，很多皮肤问题产生的原因一定和肌肤底层缺水有关，譬如皮肤干燥缺水、肤色黯沉发黄、斑点细纹滋生。所以在选择面膜时，深层补水 + 修护的面膜一定是首选，具有深层补水功效是第一要素，当然，在给肌肤补充足够水分之后，另一个重点就是修护，修护白天外界环境对皮肤的伤害，让皮肤在夜间自身修复加乘。

市面上种类、功效繁多的面膜是不是让大家挑花眼了呢？别担心，对于护肤品一向有高要求的伊然老师当然不会忘记给大家分享一下自己的心头好啦！

Dr.Diamond 赋活水光肌面膜中所含的营养成分是通过面膜纸渗透到皮肤底层的，使用的面膜纸材质是天然蚕丝，亲肤而且渗透性特别好。精华液质地清爽好吸收，主要成分为具有补水功效的皱波角叉菜和美白皮肤、促进胶原蛋白生成的蚕丝胶蛋白，既可以深入肌肤底层补充水分，恢复肌肤的水油平衡，同时还可以帮助抑制黑色素生成、美白肤色，修复受损皮肤组织。特别适合呈脱水现象的黯淡肌肤，对于抗衰老、抗氧化，滋养老化肌肤，效果也非常显著。

使用方法和其他面膜贴区别不大，敷于面部 15~20 分钟即可，使用后轻拍按摩至精华液吸收，不需要清洗。在这里，伊然老师还要提醒大家：千万记住任何面膜的使用时间都尽量不要超过 20 分钟，否则面膜纸水分蒸发的同时会一同带走你皮肤中的水分。如果想要第二天醒来皮肤水当当，敷完面膜后再搭配一支乳霜，第二天的皮肤状态一定让你大吃一惊。

Dr.Diamond

明星 CEO 有话说：

“女人会保养，永远 18 岁！”

一提到乳霜，你可能会想到油腻、厚重这些字眼，那些天生就是油性皮肤或者爱长脂肪粒的女性，马上就退避三舍。别怕！这支 Dr.Diamond 臻皙深层修护乳霜可没有那么吓人。其所含的大小分子透明质酸结合渗入，让肌肤保持水润保湿的状态；另一个核心成分蜡菊提取物，可帮助修复伤疤、粉刺、湿疹与脓肿，令干燥黯淡的皮肤重新恢复水润白皙，改善肤质并让皮肤健康柔滑。而且它不仅只是一支乳霜，还可以当做睡前面膜使用。这里，伊然老师还要教大家一个对抗皮肤干燥的完美方法，那就是“双膜法”。先厚涂 Dr.Diamond 臻皙深层修护乳霜，接着敷上 Dr.Diamond 赋活水光肌面膜，20 分钟后揭下，无需清洗，直接入睡即可。如果是肌肤严重缺水并且粗糙黯沉的女性可以通过这个办法修复皮肤干燥状态，让肌肤每一个毛孔都喝饱水。一周使用三次，一个月后肌肤的水油状态就会恢复平衡。

Dr.Diamond

5 谁说怀孕

就不长痘

隔离霜到底有哪些用处？

怀孕还会促发痤疮？

事实上很多孕妇都受到痤疮的困扰。女性在怀孕后身体就会发生一些变化，以前从来没长过痤疮的人也可能会发现自己开始长痤疮了。怀孕后产生的痤疮到底是怎么回事？

1. 孕期激素上升作用

孕期皮肤长痘与孕期的激素水平上升有关。由于孕期胎盘绒毛所分泌的大量雌激素与孕激素，也有部分雄激素增加，促进体毛的生长和皮肤毛孔的增大，身体内分泌也跟着发生变化。尤其是孕早期更容易产生痤疮，有些人可能会一直延续到哺乳期。不过大多数孕妇会在生完孩子后恢复正常，痤疮情况也会改善。

2. 怀孕油脂分泌更加旺盛

怀孕期间，女性的皮脂分泌旺盛，容易出油。如果毛孔被堵塞或者是因为其他原因导致排油不畅，那么皮脂腺继续分泌，皮脂就在毛孔中累积、突起，形成痤疮。再加上现在空气污染严重，空气中的粉尘、细菌容易通过毛孔入侵孕妈妈的肌肤，堵塞毛孔，油脂堆砌物不能有效排出，长痤疮便成了自然而然的事了。

3. 油性皮肤孕妈妈更容易长痘

油性皮肤的女性在怀孕后更容易长痘，因为她们的身体内部激素在孕期得不到平衡，而油性皮肤又阻止了这些激素的释放，这些激素就会堆积在一起，从而形成了我们所说的痤疮。因此，对于那些本身就是油性皮肤的孕妇来说，更容易引发痤疮。

4. 生活习惯也有关

除了以上因素，面部清洁不当，生活作息不规律，饮食习惯不健康，偏爱油腻、辛辣食物，不爱吃蔬菜水果，导致体内毒素积累过多也会引发痤疮。

远离痤疮这样做

日常清洁尤为重要

孕妇想要解决痤疮问题，首先要彻底清洁面部的污物，选择清爽透气的护肤品来保湿，让肌肤水油平衡。避免面部肌肤的毛孔被堵塞、发炎，导致痤疮的产生。同时还要注意：

1. 皮肤清洁不彻底或过度清洁都可能诱发皮肤长痤疮。用温水每日洁面 2 ~ 3 次即可，清除皮肤表面过多的油脂，保持皮脂腺导管通畅，不要过分清洗。

2. 选用温和而非碱性强的洁面产品，避免过分去除油脂而不进行保护，导致皮肤过于干燥，皮肤屏障功能受损，也会在一定程度上加重痤疮。

3. 尽可能不要化浓妆，避免使用油脂类、粉类的化妆品，因为化学物质或大颗粒粉末就会渗入皮肤毛孔，堵塞毛囊，滋生出痤疮。卸妆、洁面必须分别进行，认真做好彻底卸妆的步骤。

4. 不要用手挤、压、搔、抓痤疮，以免加重炎症感染。挤破的痤疮容易感染留疤。

祛痘产品使用要谨慎

目前市面上大部分祛痘产品大多含有不适合孕妇使用的成分，因此在选择祛痘产品时，看清说明，或咨询医生，是非常有必要的。

1. 祛痘产品常用的祛痘成分：水杨酸、过氧化苯甲酰、维 A 酸类成分和各种刺激性化学物，怀孕期间要慎用。

2. 由于孕期皮肤较敏感，宜选择温和的产品。即使是成分安全的某些祛痘产品也可能引起轻度的刺痛甚至脱皮，建议局部少量使用，不要全脸涂抹。

3. 如果局部痤疮感染，药物主要是抗生素，以抗菌消炎为主。但有些含有四环霉素的药物，对孕妇尤其有禁忌。对怀孕期女性来讲，无论是外用药，还是内服药都要谨慎。

保证健康饮食和作息

部分孕妈妈因为怀孕而产生过大的心理压力，情绪波动，也容易长痘。饮食营养丰富、休息充分、适当锻炼等良好的生活习惯可以有效缓解压力。

1. 早睡早起，生活规律，保证充分睡眠。

2. 不吃辛辣刺激性食物，如葱、蒜、辣椒。最好禁食油炸刺激性食物，调整消化道功能。少吃脂肪类和糖类食品，多吃新鲜蔬菜和水果。避免刺激性食物引发痤疮。

3. 平时更要注意保持肠道顺畅，多喝温开水，多吃粗粮和富含纤维素的食物，定时排便。

4. 为了满足母婴营养之需，孕妇进补应以温和、清淡为宜，可选用燕窝、党参、茯苓、麦冬、沙参、莲藕、银耳等。

5. 如果孕妇留有刘海儿，则额头上容易冒出痤疮，最好能把额头露出来，要么剪掉刘海儿，要么将刘海儿梳起。刘海儿容易造成皮肤透气性不好，头发上附着的脏东西也容易堵塞毛孔，给厌氧性痤疮丙酸杆菌提供良好环境，诱发痤疮的形成。

6 掌握正确抗氧化技能

孕期变黑是正常现象

皮肤的老化过程可以分为两个部分，一部分与年龄增长有关，无法避免的身体机能、器官逐渐衰退老化；另一部分则是氧化，是身体中的自由基增加，但可以进行一定的控制。所以，老化过程中包含氧化，我们能做的更多的是抗氧化。

在医学理念上，抗氧化最重要的环节就是对抗自由基。自由基是由人体自然产生，自由基弥漫在身体当中，通过损害细胞膜和健康的 DNA，从而加速人体的老化，包括皮肤的老化，引发黯沉、发黄、色斑、细纹，甚至松弛等。

导致自由基产生的因素

年龄增长，呼吸（氧化反应）、日光照射、压力、环境污染、熬夜、电脑辐射，甚至炒菜的油烟等，都会增加人体中自由基的数量，从而破坏人体自身抗氧化剂和自由基的平衡，加速皮肤老化。

还有一个常见的因素是吸烟，包括吸入二手烟。烟气产生的大量自由基对人体的危害超过“臭名昭著”的尼古丁。

抗氧化成分要选对

孕期禁用成分：

很多抗氧化护肤品中都含有维生素 A(又称视黄醇) 及维生素 A 类衍生物。维 A 酸又称维甲酸，是维生素 A 在人体内代谢的中间产物，已经被证实会增加胎儿致畸的几率。即使某些抗氧化护肤品中不直接含维 A 酸，也可能以各类维生素 A 的衍生物形态出现在化妆品中，如维甲醇、维甲醛、维甲酯，都可以在皮肤内转化成维 A 酸。所以一切含有这类抗氧化成分的产品，孕期都要绝对远离。

孕期安全成分：

针对肌肤作用的安全抗氧化剂与自由基捕捉剂有：维生素 E、维生素 C、β－胡萝卜素、SOD(超氧化物歧化酶)、Q10、虾红素等；以及天然植物类的茄红素，绿茶萃取精华，白茶萃取精华，葡萄籽萃取精华，橄榄萃取精华，石榴萃取精华，银杏萃取精华等，都是可以在孕期使用的安全抗氧化成分。可以选择的种类很多，孕妈妈再也不用谈抗氧化色变了。

内调外养，孕期全面抗氧化

女性在孕期如果缺乏足够的抗氧化营养，那么在胎盘和母体循环中就会建立氧化应激极端水平，从而导致不良妊娠。食物中的抗氧化成分具有消除自由基的能力，所以女性在怀孕期间应摄取足够的抗氧化剂，延缓身体退化速度，防止肌肤衰老，并保护细胞免受伤害和疾病的感染。

能在自然饮食中找到的抗氧化剂，是被称为三大抗氧化物质的维生素 E、维生素 C、和 β－胡萝卜素。它们可以利用自身结构的特性来稳定自由基多余的电子，防止对细胞造成老化。但身处繁忙都市里的女性，亦可选择天然营养补充品来摄取足够的抗氧化剂。

多数绿色蔬果都含有维生素 C；维生素 E 含量丰富的有糙米、鱼类、蛋类、豆类；黄绿色蔬菜及橘色的蔬果如胡萝卜、马铃薯、番薯，则富含 β－胡萝卜素。其他如番茄、绿茶、白茶，葡萄（尤其是籽和皮）、橄榄油、石榴、鲑鱼、鱼油等，也都是抗氧化成分丰富的食物。

另外，生活作息正常，不抽烟不喝酒，减少吸入做菜的油烟，外出时涂抹防晒霜并撑伞，都有助于抗氧化，总而言之，防老与抗老的步骤永远不嫌多。抗氧化不是一朝一夕的事情，必须做好长期对抗自由基的准备。

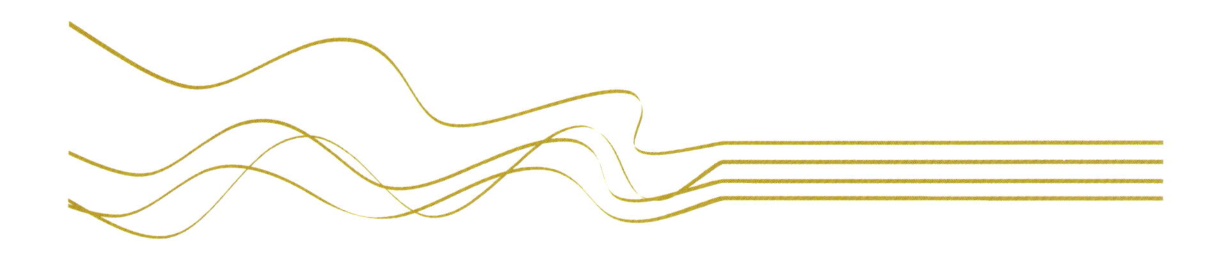

7 轻松赶走 面部水肿

孕期为什么面部易水肿？

女性在怀孕期间，通常都会面部肿胀。水肿发生的原因有很多，胎盘分泌的激素及肾上腺分泌的醛固酮增多，造成体内钠和水分滞留；母体如果有较重的贫血，血浆蛋白低，水分从血管内渗出到周围的组织间隙等，都是孕妇产生水肿的原因。

同时，如果孕妈妈本身血液循环代谢能力差，或者睡前大量喝水、经常久坐不动、熬夜等，都会由于废弃物停滞在体内不能被及时排出而造成水肿。

有的孕妈妈在整个妊娠期都会有一些轻微的妊娠肿胀，如怀孕期间面部浮肿，这完全是怀孕的自然过程的一部分。

Tips：想要避免面部浮肿，除了每天保证充足的饮水，但在临睡前两小时内最好不要饮水过多，导致水分囤积在体内，第二天容易出现浮肿的现象。还要限制盐分的摄入量，并多吃富含钾的食物。

四大按摩法帮你消除面部水肿

简单的按摩其实是一种最方便易行的消除水肿方法，可以让体内的废弃物流动并排出体外，对面部浮肿起到有效缓解的作用。

只要每天清晨进行几分钟按摩，或是在涂抹日常保养品的同时顺着脸颊按摩提拉肌肤，就能让你的浮肿有所消退，并且肌肤更加通透、妆容更服帖。

下面一起来看看有哪些按摩方法可以快速帮助消除水肿吧！

1. 醒肤拍打法

清洁面部后，马上使用清凉的、吸收迅速的爽肤水，配合拍打动作，快速激活脸部的新陈代谢功能。不仅能高效促进肌肤排水排毒，还能让肌肤吸收水分变得饱满，提升面部轮廓。在拍打肌肤的同时，还可以搭配具有提拉功效的保养品，利用指节力量将排水、消脂及紧致成分推进深层肌底，美颜功力更进一步。

Step 1：在脸上喷洒爽肤水。用量要比平时多两倍，要差不多滴落下来的程度。

Step 2：手掌拍打额头。手掌横向移动拍打额头，帮助迅速唤醒面部神经。

Step 3：轻拍脸颊。从下巴的两侧开始成 V 字形，由下往上轻拍脸颊至太阳穴，激活面部血液循环。

Step 4：按摩眼尾。用食指和中指用弹钢琴的方式轻拍眼尾，在眼尾上下呈 C 形游移，弹打的速度可以快一些。拍打完再喷一点爽肤水，以清凉效果收尾。

2. 冷热交替法

热冷交替敷脸，能让血管收缩扩张再收缩，促进肌肤的血液循环，促使排出脸部多余水分。

Step 1：先用热毛巾敷脸，温度要掌握好，不可太热。

Step 2：接着冷敷。

Step 3：重复 3 次，热冷敷脸的时间要以 1：2 比例分配，至少敷 15 分钟。

3. 汤匙消肿法

利用不锈钢汤匙为脸部按摩，可以快速消除面部浮肿、收紧眼袋。使用前先将不锈钢汤匙放入冰箱冷冻室中 30 分钟，然后取出并用清水冲洗干净。在全脸均匀涂抹具有紧致作用的乳霜之后：

Step 1：将准备好的汤匙按压眼肚位置约 1 分钟。然后再闭上眼睛，轻力按压眼睑约 1 分钟。

Step 2：从眉心开始，沿着眼框轻轻按摩至眼尾。

Step 3：由颧骨位置开始按摩，轻力按压至下巴处。这样的按摩可以收紧双下巴。

Step 4：由嘴角边斜向上按摩至耳垂处。这样可以紧实面部肌肤，还能减淡笑纹。

4. 穴位按摩法

Step 1：一只手将同侧的耳朵向上提拉，另一只手按住拉伸耳朵的那边脸，向耳朵方向推按。

Step 2：双手手指放在额头的中央，然后向太阳穴的方向分别推进，可以帮助脸部水分排出，最后移动到太阳穴的位置并按摩太阳穴。

Step 3：用中指和无名指从太阳穴处轻拉至耳垂下方，重复5~10次，完成血液循环的路线。可以帮助淋巴排毒，将废物排出体外。

Step 4：最后用点按的方式，食指在六个部位相继按摩，分别是：眉头－眉中－眉尾－眼尾－眼下－内眼角，让完成血液循环之后的眼周肌肤焕发明亮光彩。

如果在怀孕期间面部浮肿过于严重，那么请向医生咨询，对于如何减少肿胀可以遵照医生的建议。

8 去角质 是个技术活

孕期定期去角质不能忽略

随着年龄的增长肌肤也会逐渐老化，角质老化就是其中一种表现。由于孕妇新陈代谢较快，角质细胞代谢老化也比一般女性快。如果不定期去角质，导致老废角质细胞的堆积，不仅会让肌肤变得晦暗粗糙，还会堵塞毛孔，影响肌肤的呼吸，甚至引发痤疮等肌肤问题。同时，也更易形成角质层，令孕期护肤效果大打折扣。

如何判断是否老废角质过厚：

1. 保养品涂在脸上很难吸收；

2. 皮肤摸起来粗糙不光滑、有颗粒感；

3. 肌肤视觉上没有透明的光泽感。

如果你的皮肤存在以上问题，那么就需要去角质了。

定期适度的去角质不仅能够帮助去除老化细胞、恢复肌肤弹性光泽，还能够让肌肤更好地吸收护肤品的营养成分。因此，即使是在孕期，仍然需要重视肌肤去角质。

正确去角质法则

如果去角质不合理，会让孕妇本来就敏感的肌肤变得更为脆弱。过度频繁地去角质，只会伤害肌肤表层，容易使皮肤的角质层变薄，从而导致肌肤的免疫能力下降并出现过敏、红血丝等各种问题。

因此，孕妈妈们要避开去角质误区，掌握正确的去角质方法，只有合理的温和去角质才可以将废旧角质全部清除，也不会引起过敏反应。

1. 选择成分安全的产品

在孕激素的影响下，孕妇肌肤较为敏感易受刺激，加上孕期护肤要顾及胎儿的安全，所以孕妇在选择去角质产品时，应该注意成分的安全和性质的温和。切勿使用含有水杨酸、果酸等刺激成分的高效去角质产品，以免引发肌肤过敏现象，并影响胎儿的发育。

2. 化学型去角质产品比物理型更加温和

现在市面上正规的去角质产品种类很多，比较常见的是物理型磨砂类和化学型去角质类。磨砂类产品内含细微颗粒，通过与肌肤的摩擦去除老化角质；化学型去角质产品内含有促进角质剥落的成分，通过溶解来去除角质。相比而言，化学型去角质产品比物理型更加温和。

3. 去角质力度要轻柔

在使用去角质产品时，孕妈妈常会用力揉搓，这种做法绝对是不可取的。人体肌肤本来就娇嫩，加上孕期肌肤脆弱，若过分用力去角质容易造成肌肤损伤，所以建议孕妈妈力度轻柔地按摩肌肤即可，也不要让去角质产品在脸上停留时间过长。

4. 掌握合理去角质频率

孕期去角质频率应该根据自己的肤质和皮肤状况决定，不宜过于频繁。干性肌肤的孕妈妈半个月一次即可；油性肌肤则可以一周左右一次；敏感肌肤最好不要使用去角质产品，避免刺激肌肤导致过敏状况。

5. 去角质与护肤分开进行

有些孕妈妈喜欢使用包含多重功效的护肤品，例如带有去角质功效的化妆水。这类产品去角质效果没有专业去角质产品效果明显，长期使用还容易造成角质层过薄。另外，这些有多重功效的护肤品成分较复杂，还容易刺激肌肤，因此建议孕期护肤应选择单一的去角质产品。

6. 皮肤干燥起皮时不宜去角质

女性在怀孕期间肌肤缺水情况严重，脸上一旦出现干燥脱皮，不少孕妈妈会误以为应该去除角质了。其实，这时候的肌肤已经处于极度缺水的受损状态，去角质反而会给肌肤带来更大的伤害，使肌肤产生发红、刺痛等敏感现象。建议肌肤干燥的孕妈应该先在干燥部位补水保湿，待皮肤恢复稳定后再温和去角质。

7. 去角质后需保养

需要注意的是，去完角质后，最好使用温和的洗面奶清洗面部，再用保湿补水类产品做好后续保养，给肌肤补充水分，锁住营养。

8. 角质层薄可以分区去角质

有的孕妈妈认为本身肌肤角质层薄，去角质反而容易造成过敏症状，因此不必进行去角质工作。但其实，角质层薄的肌肤也存在容易泛油的部位，例如面部T区、鼻翼两侧及额头等，这些区域特别容易产生黑头、老化等皮肤问题。同时，角质层薄的肌肤同样会出现角质老化现象，因此要根据皮肤的不同状况进行分区去角质。

9 皮 肤 过 敏
怎么办

孕期为什么容易皮肤过敏

女性在孕期，尤其是在分娩前，无论是不是过敏体质，由于免疫系统细胞的活跃，都将引起过敏的 IgE（免疫球蛋白 E 抗体）超量分泌。所以孕妇容易皮肤过敏。再加上怀孕后激素变化的影响，抵抗能力较差，很容易受到各种病菌的侵袭，经常会出现短期过敏性皮肤炎症。

不同肤质皮肤过敏该怎么办？

1. 干性皮肤过敏

干性肌肤的孕妈妈，无论什么季节总会有皮肤缺水的困扰，孕期肌肤经常干燥且粗糙。涂抹化妆水或其他保养品时，会感到些刺痛、发痒，有时会红肿，这类症状属于干性皮肤过敏。肌肤过敏的原因是因为皮肤持续干燥缺水，导致防御机能降低，这时候需要充分保湿，恢复皮肤健康。

2. 油性皮肤过敏

面部容易出现痤疮和粉刺，会红肿、发炎，甚至连脸颊等易干燥部位也会有痤疮，有这些症状的人应属于油性皮肤过敏。敏感原因是因为孕期皮脂分泌过剩及水分不足，引起肌肤防护机能降低。油性皮肤的孕妈妈们应该先去除多余的皮脂，加强后续保湿，保证肌肤水油平衡。

3. 压力性皮肤过敏

当季节交替或者孕期激素变化，导致一些保养品变得不再适用，睡眠不足或压力大时，肌肤就会变得干燥脱皮，这属于压力性皮肤过敏。原因在于各种外来刺激或荷尔蒙失调所引起的内分泌紊乱。如果依然按照自己日常的保养方式容易加重过敏反应，最好是马上到皮肤科求诊，并使用医生所建议的保养产品。

4. 过敏原性皮肤过敏

当皮肤接触到特定的刺激物引起了过敏反应，如过敏性皮肤炎，孕妈妈若是有这类过敏状况容易反复发作，身体的免疫能力日趋低下，症状严重，影响日常生活。最好尽量避开过敏原，一旦发生了过敏，对孕妈妈来讲，无论是外用药，还是内服药都要谨慎，一定要在皮肤科医生的指导下用药，避免药物的副作用影响胎儿。

Tips：

孕期随着体重的增加，双腿之间或乳房下面可能会过敏发炎，导致皮肤发红、潮湿。甚至会红肿，起水泡，可能还有异味。这时候要尽可能让患处保持干燥，使用滑石粉帮助吸收潮气，穿棉质衣服保持皮肤清爽，注意不要穿紧身衣服。

孕妇皮肤过敏对胎儿不会造成影响，但是治疗起来需要谨慎。有些药物可以通过孕妇的皮肤进入胎盘，妨碍胎儿的生长发育，或直接损害某些器官，从而导致胎儿畸形或罹患疾病。

对过敏孕妈妈来说，应衡量病情对自己和对胎儿的影响，以及药物对自己和胎儿的影响哪个更严重，谨慎用药。

有些药物对孕妇无不良影响，可以放心使用，如葡萄糖酸钙一般对孕妇及胎儿均无不良影响，且对过敏所致的皮肤瘙痒有较好的疗效。如果需要使用抗组胺类过敏药就要寻求医生的指导意见。

拒绝皮肤过敏秘籍

1. 在外出之前使用隔离霜，可以有效帮助肌肤隔离空气中污染物以及粉尘等过敏源。

2. 尽量减少蒸脸、按摩、去角质等美容措施，避免再刺激。

3. 可选用针对敏感皮肤的护肤品，其常含有维生素 B5、羧甲基 β－葡聚糖等。

4. 过敏期皮肤容易干燥，可使用含有合适比例脂质的保湿产品。

5. 洗脸、洗澡时不要使用温度太高的热水。

6. 不吃油腻辛辣的刺激性食物。尽量少吃海鲜、芒果、果仁等易引起过敏的食物。

PART·3

注重身体护理 做360度无死角辣妈

Body Care

想要当个完美辣妈，由内而外的身体护理必不可少。“不要妊娠纹，大象腿走开，健康好身材快到碗里来”，360度无死角，孕期美丽一个都不能少。

1 向妊娠纹宣战

什么是妊娠纹？

妊娠纹主要是由于腹部的膨隆使皮肤的弹力纤维与胶原纤维因外力牵拉而受到不同程度的损伤或断裂，皮肤变薄变细，腹壁皮肤会出现一些宽窄不同、长短不一的粉红色或紫红色的波浪状花纹。分娩后，这些花纹会逐渐消失，留下白色或银白色的有光泽的疤痕线纹，即妊娠纹。

通常在怀孕 4 ~ 5 个月之后逐渐出现，多位于大腿内侧、腰两侧以及下腹两侧。

导致妊娠纹产生的三个原因

1. 糖皮质激素

女性在怀孕期间，肾上腺分泌了大量的糖皮质激素，增加了皮肤弹力纤维和胶原纤维的脆性，当皮肤弹力纤维和胶原纤维的伸缩度达到一定限度时，就会引起弹力纤维和胶原纤维的断裂，形成妊娠纹。

2. 肚子过大

怀孕超过 3 个月时，增大的子宫

突出于盆腔，向腹腔发展，腹部开始膨隆，受增大的子宫影响，皮肤弹性纤维与腹部肌肉开始伸长。尤其是怀孕6个月后更加明显。当超过一定限度时，皮肤弹性纤维发生断裂，腹直肌腱也发生了不同程度的分离。于是，在腹部的皮肤上出现了粉红色或紫红色的不规则纵形裂纹。

3. 体质及遗传因素

妊娠纹的出现有一定的遗传因素，也与孕妈妈本身的体质有关。如果长期缺乏锻炼，或者没有良好的皮肤护理习惯，可能会造成腰、腹部肌肉力量弱，皮肤弹性差，容易出现妊娠纹。而平时经常运动的人，往往弹力纤维和胶原纤维弹性更大，相对出现妊娠纹的几率也就更小。

怎样有效预防妊娠纹？

妊娠纹的产生既有体质原因、遗传原因，也有自身产前保养的原因。妊娠纹一旦出现就不容易彻底消失，但如果护理得当却能有效预防和缓解。虽然有70% ~ 90%的孕妇会产生妊娠纹，但如果加强产前保养，则可以大大减少妊娠纹产生的几率，至少可以把妊娠纹的影响程度减到最小。

1. 使用专业预防妊娠纹产品

使用专业安全的针对妊娠纹的按摩霜或按摩油是非常有效的办法，通常在怀孕4 ~ 5个月时开始使用。在容易出现妊娠纹的部位进行按摩，每次按摩的时间不宜太长，15 ~ 20分钟即可。

2. 控制体重增长

如果孕期体重增长过快，会造成皮肤过度拉紧，而使皮下纤维断裂。所以在体重增长的幅度上，每个月的体重增加不宜超过2公斤，整个怀孕过程中应将体重增长控制在11~14公斤。

3. 饮食增强皮肤弹性

在怀孕期间应摄取均衡的营养，改善皮肤的肤质，帮助皮肤增强弹性。可以多吃一些对胶原纤维增强有帮助的食物，如猪蹄。同时多吃一些含纤维高的果蔬，以及含维生素 C 的食物，多摄取含丰富蛋白质的食物。另外减少糖分、盐分的摄入及油炸食品，少吃含色素量高的食物。

4. 孕前加强锻炼

坚持适度运动，如散步等，也是增强皮肤弹性预防妊娠纹的方法。怀孕前做一些瑜伽等运动，怀孕后也要做适度的运动，例如做一些简单的家务。淋浴时水温不宜过高，可以用微凉于体温的水冲洗腹部，并轻轻按摩腹部皮肤，从而增强皮肤弹性。

5. 使用托腹带

托腹带可以承担腹部的重力负担，减缓皮肤过度的延展拉扯。

6. 适当服用一些保健品

市面上有一些针对孕妇的保健品，可以促进真皮的纤维生长，增加皮肤弹性，预防妊娠纹产生。但是建议不要随便用药，需提前咨询医生。否则误食激素类药物，会造成类似的萎缩纹。

产后如何淡化妊娠纹

1. 产后保养

产后 3 个月是消除妊娠纹的最佳时机，建议产妇勤于按摩已产生妊娠纹的地方，如腹部、大腿内侧、臀部，以及胸部，可以有效消除妊娠纹。并在家做一些简单的运动，以消除水肿。保证充足的睡眠，让皮肤恢复弹性，缓解妊娠纹。此外，多吃富含胶原蛋白、维生素 C 的食物和富含维生素 B6 的牛奶及其制品。

2. 医学美容淡化

现今，在医学美容方面推出了各种各样的淡化妊娠纹的方法。产后受到妊娠纹困扰

的女性可以通过医学美容方法来淡化，减淡妊娠纹的外观或范围。在早期妊娠纹呈现紫红色的时候，用脉冲光或染料激光照射，可加速紫红纹路的消退，增加胶原蛋白生成，减轻妊娠纹的程度；激光微磨皮手术，可以改善疤痕组织；果酸换肤可以改善表皮层的色泽及厚度，也能使妊娠纹看起来不明显。

3. 美容院护理

现在有不少美容院也推出了祛妊娠纹的服务项目，可以通过专用祛纹治疗仪或产品，去除色素沉着及纹路。在美容院进行皮肤护理时，美容师会使用专业的祛妊娠纹产品加上专业的按摩手法来去除妊娠纹。

2 水肿“象腿”这样攻克

怀孕 5 个月后易水肿 随孕周增加而严重

据统计，孕妇产生水肿的情况比例高达八成，主要以下半身的水肿为主。这种现象在孕期相当普遍，一般来说，脚掌、脚踝、小腿是最常出现水肿的部位，随孕周增加逐渐加重并向上蔓延。

水肿现象一般从怀孕 5 个月后逐渐明显，越接近预产期越严重，如果再正值天热，孕妇不仅腿部胀痛，水肿现象也会更加明显。一般来说，这属于孕期的正常现象，在生完宝宝后体内滞留的水分会渐渐排出，孕妈妈的水肿现象也会随之消失。

水肿的原因主要是由于胎儿的重量逐渐增加，而使得孕妇腿部承受过大压力，压迫静脉，造成静脉回流受阻造成的。

自检是否遭遇水肿

女性进入怀孕 28 周以后，每天要特别注意一下自己的脚和腿，看看有没有发生水肿。如果发现脚踝、小腿肿胀起来，而且用手指对肿胀部位按压下去后，皮肤会明显地凹下去，而不会很快恢复，这表示你遭遇了孕期水肿。

预防怀孕后期出现水肿的方式有：

1. 垫高脚

孕妈妈可从生活习惯上改善腿部浮肿的状况。不论是坐着休息或是躺卧睡觉，最好用枕头或坐垫把脚垫高，有助于血液回流，可舒缓水肿症状。避免长时间站立或久坐，持续同一姿势不变，则容易引起浮肿。

2. 平躺

下半身的静脉血很难返回心脏是因为人类的心脏距离脚比较远。静脉血是依靠肌肉的收缩和血管里的某种“阀门”而被送回到心脏的，因此平躺后把脚稍稍抬高能够使血液更容易回到心脏，浮肿也就比较容易消除。

3. 多休息

水肿与子宫压迫有关系，所以孕妇应该多躺卧休息。每天卧床休息至少 9~10 小时，中午最好休息 1 小时。还要防止情绪激动和避免较剧烈或长时间的体力劳动。

4. 左侧卧

孕妇多采取左侧卧，可以避免压迫到下肢静脉，并减少血液回流的阻力，利于水肿消退。这样还可以减少对心脏的压迫。

5. 按摩

通过按摩促进血液循环，对预防浮肿也很有效。按摩时要从小腿方向逐渐向上，这样才有助于血液返回心脏。睡前进行按摩，可以解除腿部酸痛，有助于睡眠。洗澡时按摩也是个不错的选择。

6. 泡脚

根据研究显示，泡澡或泡脚不仅有助于血液循环，也有改善水肿的效果。

7. 穿孕妇专用的弹性袜

专为孕妇设计的弹性长筒袜，可以给腿部适当加压，使静脉失去异常扩张的空间，从而缓解水肿现象。最好每天早晨下床前就穿上，直到晚上睡觉时才脱下。坚持使用可减轻不适症状，如抽筋、水肿、疼痛、淤血性皮炎等，都可随着静脉逆流的消除和静脉回流的改善而逐渐消除。

8. 适当运动

适当的运动也能有效改善孕妈妈的浮肿烦恼。比如散步，可以借助小腿肌肉的收缩使静脉血顺利地返回心脏；游泳也是锻炼腿部的一种运动方式，在得到医生的允许之后，可以试着游泳。或者利用台阶，双脚做上下运动，能锻炼小腿的肌肉，从而有助于预防浮肿，不过运动时一定要扶住扶手等助力物，避免失去平衡。

9. 补充足够的水分

很多孕妈妈因为担心水肿而不敢喝水，但其实孕期下肢水肿是子宫压迫或摄取太多盐分，盐分所含的钠使体内水分滞留所造成的，并不是喝水太多的关系。所以孕妈妈必须补充足够的水，才能够提供胎盘足够的循环量，限水反而对胎儿不好。

10. 避免高盐食物

怀孕后身体代谢盐分、水分的机能下降，因此在日常生活中要尽量控制盐分的摄取，每日摄取量在 10g 以内。同时，一定要避免食用高盐、加工、腌渍或罐头食物。

11. 不要使用利尿剂

千万不要使用利尿剂来改善水肿。利尿剂会减少子宫胎盘循环量，对胎儿不利，不宜使用。除非孕妇出现危害生命的肺水肿现象时，在医生的指导下才考虑使用。

12. 补充食物营养

贫血及营养不良是病理性水肿的原因之一，贫血的孕妈妈每周还要注意进食 2 ~ 3 次动物肝脏以补充铁。蔬菜和水果中含有人体必需的多种维生素和微量元素，它们可以提高机体抵抗力，加强新陈代谢，还具有解毒利尿等作用。

13. 多喝红豆汤 / 玉米须汤

要缓解孕期水肿，还可以喝不加糖的红豆汤或是玉米须煮的汤，这些方法都是实践后证明有效的，可以参考。

3 胸部保养法则

乳房的美丽和健康不仅仅是孕妈妈爱美的需求，也是产后母乳喂养能否顺利进行的保障。让孕妇日益变大的乳房不走样，避免胸部的自然松垮，最重要的便是加强乳房肌肤的弹性和韧度。

孕早期乳房保养

随着胚胎一天天地变大，孕妇的乳房也会不断地发育，为生产后做好喂养宝宝的准备。怀孕初期乳房胀痛是怀孕最早的征兆之一，通常从 4 ~ 6 周左右开始，持续整个孕期前 3 个月。此时乳房也开始改变，例如乳头变深、乳房正下方的血管越来越明显。这些变化是为了日后分泌乳汁所做的准备，所以不必太紧张。

1. 穿着稍宽松的内衣

怀孕早期在选择文胸时，应选择罩杯较大的，不带钢托的文胸。大小适宜的文胸能够支持胸部且不会在背部或肩部留下压痕。过小的内衣会限制乳腺组织的正常发育，影响今后的哺乳。过大的内衣，根本起不到托起沉重的乳房、保护腺体舒适生长的作用。每 2~3 个月为一个阶段要进行内衣更换。如果乳房变化较快，应随时更换，以适应胸部的变化。

2. 冷水按摩胸部

记住用冷水对胸部进行按摩保养，在涂抹过身体调和油的乳房上，轻轻用冷水冲洗，有利于增强双乳的弹性和活力。也可以用冷毛巾冷敷胸部（不必用冰的）。

3. 拉抻运动

展开胸部，盘坐于垫上，脊背挺直，双臂平行向前抬起，与肩同高，吸气，双臂向两旁打开，挺胸抬头向上看，呼气，低头，收回胸部，双臂抱肩，反复 5 次。需要注意的是，你的动作一定要轻缓。

孕中期乳房保养

怀孕 3 ~ 4 个月时，大部分人乳房会不断涨大，变得越来越敏感和坚挺，乳房表面皮肤的纹理也会变得越来越明显。丰满感和沉重感会越来越显著。除了轻微疼痛，偶尔还会摸到肿块，这是乳腺发达以及荷尔蒙分泌增加的缘故。

由于体内的激素增加，女性乳房的乳晕也变得越来越大、颜色越来越深，乳晕上环绕着小丘疹一样突起，这些小丘疹负责分泌一种油性的抗菌物质，对乳头起到清洁和润滑以及保护的作用。

1. 进行乳腺科检查

怀孕后 20 周左右，孕妇最好去医院请乳腺科医生进行保健指导，对乳房进行检查，如乳房是否对称，乳房皮肤是否有红肿和湿疹，乳头有无内陷等。并进一步进行触诊，检查是否有硬结、压痛、增生、腋下淋巴结有无肿大等。乳腺科医生也会对孕妈妈进行孕期乳房护理的指导。

2. 升级内衣罩杯

到怀孕中期，女性体重大约增加 5 ~ 6 公斤。不仅肚子明显突起，胸部也会明显变大许多，大部分孕妇的胸部可能会晋升 2 ~ 3 个罩杯、尺寸会增加 15 ~ 20cm 以上，所以胸罩要随着胸部的改变适时更换。避免过于压迫乳头妨碍乳腺的发育。

另外，此时期乳房内可能开始生成乳汁，所以乳头会分泌少量白色乳汁。有乳汁溢出者，可于胸罩内垫个棉垫，并于洗澡时以温水轻轻地清洗乳头。

3. 少量轻柔按摩胸部

孕妇可以在怀孕 20 ~ 24 周之间，开始为产后哺乳做准备，在每天沐浴或睡觉前按摩乳房 2 ~ 3 分钟。以促进血液循环和乳腺发育为目的，按摩的频率和力道适中即可，怀孕中期的乳房不宜过度按摩。按摩过程中如果下腹部出现疼痛，应该立刻停止。

4. 指压式按摩乳头

如果有乳头较短或乳头凹陷的情况，可以把两个大拇指放在靠近凹陷乳头的部位，适度用力下压乳房，以突出乳头，然后逐渐从乳晕的位置向外推。每日清晨或入睡前做4~5次，待乳头稍稍突起后，用拇指和食指轻轻捏住乳头根部，向外牵拉。

孕后期乳房保养

在怀孕后期，即将生产时，泌乳素分泌增加，肾上腺皮质激素浓度升高，让孕妇体内发育的乳腺小叶开始分泌乳汁，为喂养宝宝做准备。腺叶和乳管的主要功能是乳汁的分泌和储藏。原则上，孕后期乳房没有新的变化。通过在孕期的乳房保养，为生产后的母乳喂养做好准备。

1. 定期按摩乳房及乳头

这个时期乳腺已经为分娩后的哺乳做好准备，孕妇可以对乳房进行适当按摩，同时对乳头进行按摩，让乳头能够适应外部的刺激，防止在生产后因喂养宝宝造成乳头皲裂，同时疏通乳腺以防乳汁淤积。

2. 增强乳头耐受力

在怀孕后期可以每天用温热毛巾揉擦乳头、乳晕，使乳头、乳晕的韧性和对刺激的耐受性增强。如果条件许可，还可每天让乳房接受阳光的照射及大气的沐浴，时间约15分钟，效果将会更好。

3. 更换全包或3/4罩杯胸罩

怀孕后期，建议孕妈妈选择全罩杯包容性好的文胸或者3/4罩杯的文胸，最好有侧提和软钢托，可以将乳房向内侧上方托起，防止外溢和下垂。乳头变得敏感脆弱，且可能有乳汁分泌，必要时可以用乳垫来保护。

4 拯救孕期产后脱发

孕期产后脱发 HELP!

美丽的辣妈怎么可能忽略对头发的护理？但是孕期及产后脱发的大难题，不仅影响完美的形象，也给新妈妈造成较大的心理压力。女性怀孕时脱发，与体内雌激素水平有着密切关系。

1. 孕初期

处在怀孕初期的孕妈妈因体内的雌激素分泌增多，头发的更新速度变慢，60% 处于增长阶段的头发会进入休止期，使妊娠期本该正常脱落的头发“寿命”延长，一般不会引起脱发。

2. 孕中后期

部分孕妇在孕中期雌激素水平相对低时，毛发更新速度快，会经历一场过度的头发脱落。其实这是普遍现象，40%~50% 的孕妇都会经历这个变化，不过不用担心，和其他症状一样，这个阶段的脱发也只是暂时的。

3. 产后期

脱发脱得最厉害的阶段是在分娩三个月后。当宝宝降生后，体内雌激素含量逐渐恢复到怀孕前的正常状态，头皮上的毛囊恢复以往的活力。由于体内雌激素水平降低，使那些“超期留守”的头发纷纷脱落，而新的头发又一时生长不出来，致使头发呈现青黄不接的状况，造成头发变稀疏并伴有头皮痒、头屑增多的现象。

但这阶段的脱发不至于严重到引起秃头或永久性的脱发。它会在6~12个月内逐渐恢复正常。如果脱发过于严重，建议在专业医生指导下加以调理。如果生产时有较大量的出血，产后脱发通常需要一年时间恢复到原有发量。

Tips：各种“增发营养剂”可能更多起到心理安慰的作用。无论哪种原因，都尽量不要随意使用生发药品，用药不当可能会加剧脱发。

拯救产后发际线

在怀孕期间和分娩后，其实可以采用很多措施来使头发更健康，以下是对头发护理的几个建议：

1. 保持轻松乐观的心态

如果新妈妈心理压力过大或工作过劳，会引致精神紧张，妨碍血液循环的畅顺，让养分无法随同血液到达头皮，导致脱发。

2. 孕期尽量不烫染头发

经常烫染头发以及使用对头发有破坏性的化学用品，如定型产品、染发剂等，都会令头发脱落。如果要染发，最好在怀孕3个月之后会更加安全。建议选择植物性的染发剂，一定要避开重金属、苯二胺类、氨水这几项有害物质，而且在染发之前一定要做过敏测试。

3. 保证全面的营养

孕妇的日常饮食摄入足够的水果和蔬菜，果蔬中含有大量的黄铜和抗氧化剂，可以保护头发里的毛囊，也可以刺激头发

生长。多吃些含铁、钙和维生素 A 等对头发有滋补作用的食物，如牛奶、鸡蛋、鱼类和芝麻等。

月子期到底能不能洗头发

坐月子期间不洗头的说法，是由于产妇身体虚弱，洗头如果不慎，很容易受风着凉。这些都是基于对新妈妈的一种保护，并没有得到有效的科学证实。如果一个月不洗头不但不卫生，还可能造成头皮发炎。

因此新妈妈做好头发清洁是必要的。现今医学进步以及环境改善，月子禁洗头的方法已有适度的改进。只要健康情况允许，顺产的妈妈一般在 7 天左右就可以洗头发，剖腹产的妈妈在产后 14 天左右可以洗头发。

新妈妈月子期洗头发需要注意以下几点：

1. 洗头发时要在关闭门窗、没有冷风和热风的环境下进行。水温要适宜，不要过凉，最好保持在 37℃左右。还可以用姜皮煮的水洗头，去除头风。

2. 洗头时可轻轻按摩头皮，洗完后要立即用大毛巾包住头发，及时擦净水分。然后适当用暖风吹头发，但不要过度地吹头皮和头发。避免头发挥发大量的热量，使头皮血管受到冷刺激后骤然收缩，引起头痛。

3. 一般来讲，产后头发较油，也容易掉发，不要使用太刺激性的洗发用品。

4. 在不能洗头期间，新妈妈可以使用干发免洗喷雾，用在干燥的头发上来吸附头皮过剩皮脂。

5 这些维生素 要赶紧补

怀孕对于女性来说是一个很特殊的生理阶段，此时需要补充大量的营养，如维生素、蛋白质等。孕期养生并不仅仅是吃鸡鸭鱼肉，也要多摄入新鲜的蔬菜水果补充身体所需要的水分和维生素。孕妇怎么补充维生素？要根据身体情况分为三阶段，一起来了解一下吧！

怀孕前期（1~3 个月）

叶酸

叶酸是胎儿脑发育的“软黄金”，叶酸不足会增加胎儿神经管缺陷的危险，胚胎的神经管发育成胎儿的脑部和脊柱，如果神经管闭合不全，可能会导致胎儿畸形。补充叶酸的目的是为了防止胎儿神经管畸形和孕妇因叶酸缺乏产生贫血。故而女性在备孕前三个月就要开始补充叶酸，但是一定要在医生指导下进行。

补充剂量：建议一般妇女每日补充 600 微克，怀孕后 1~3 个月可每日增加 200 微克。

主要食物来源：深绿色蔬菜、牛奶、鸡蛋、鱼类、豆类、全谷类。

注意事项：叶酸并非补得越多越好。过量摄入叶酸可能导致某些进行性的、未知的神经损害的危险性增加。孕妇对叶酸的日摄入量上限为 1000 微克，每天摄入 800 微克的叶酸对预防神经管畸形和其他出生缺陷非常有效。建议有神经管缺陷家族史的高危险孕妇，补充叶酸前能先向妇产科医师或营养师咨询，以确保剂量补充适当。

维生素 B

维生素 B 能够缓解孕妇的不适，怀孕初期是胎儿器官组织分化的重要时期，对于各类维生素需求很高，如果孕妈妈身体缺乏了维生素 B 会引起叶酸缺乏，饮食补充依然是首选。

补充剂量：每日需补充 1~2 毫克维生素。

主要食物来源：瘦肉、动物肝脏、蛋黄、豆类、糙米。

注意事项：维生素 B 补充过多会造成胎儿维生素 B 依赖。胎儿生长发育每日所需的维生素 B 完全可以从母亲的饮食中获得，但若是严重缺乏可以在医生的指导下服用维生素 B 片。

维生素 E

作为一种脂溶性维生素，又称生育酚。维生素 E 能促进性激素分泌，使男子精子活力和数量增加；使女子雌性激素浓度增高，提高生育能力，预防流产。维生素 E 缺乏时会出现睾丸萎缩和上皮细胞变性，孕育异常。备孕期间吃维生素 E，可以提高精子活力，也可以预防流产。

补充剂量：如果缺乏维生素 E，每日可补充 14 毫克。

主要食物来源：动物肝脏、菠菜、芦笋、西瓜、樱桃、山楂、杨梅、植物油、玉米等。

注意事项：尽管维生素 E 对人体有许多好处，但也应对症下药，绝不能随意服用。滥用维生素 E 对身体不仅无益，而且可能有害。长期大剂量服用会有潜在毒性。所以备孕期间服用维生素 E 不是必须的，可以询问医生再适量服用。

怀孕中期（4~6 个月）

钙

钙质是建构骨骼、牙齿的重要元素。对于孕妈妈来说，怀孕中期，胎儿快速地发育，钙质能够促进胎儿骨骼生长、牙齿正常发展、大脑发育及肌肉灵活，而且孕妈妈补充足够的钙质，对于预防抽筋及骨质疏松都有帮助。除此之外，钙也参与重要的生理功能，参与神经传导、肌肉收缩、血液凝固等。

补充剂量：怀孕后建议每日补充 1000~1200 毫克。

主要食物来源：牛奶、酸奶、奶酪、黑芝麻、小鱼干。

注意事项：钙若补充过多，易造成肾脏负担，孕妈妈适当补充即可，而非补充越多吸收越多。孕妈妈在饮食方面多摄取高钙食物，加上适度的运动及日晒，才有助于钙的吸收。

维生素 D

维生素 D 的含量与人体内钙质含量是有联系的，是合成钙质的必备营养素之一。是维护骨骼与牙齿正常生长、发育与健康最重要的成分。女性在整个孕期都需要补钙，如果没有做好补钙，产后容易引起脱发等烦恼。孕期除了饮食补充之外，还要多晒太阳，阳光是天然维生素 D 补充剂，人的皮肤经过日光的照射会合成维生素 D。

补充剂量：建议一般妇女每日补充 5 微克，怀孕后则每日增加 5 微克。

主要食物来源：全谷类、鱼肝油、营养强化乳制品。

注意事项：孕妈妈若担心晒黑或晒伤，建议于上午 10 点前或下午 4 点后，阳光较温和时，到户外运动、散步、晒太阳。

怀孕后期（7 个月 ~ 生产）

铁

怀孕后期，胎儿必须从妈妈身上获取铁质来储存，以应付出生后 6 个月内的铁质需求。单剂量的高铁、高钙等营养剂或食品，不建议同时补充，如此不但会吸收不佳，亦会降低效果；若需补充，建议至少间隔 2~4 小时。

补充剂量：怀孕后建议每日摄取 60 ~ 120 毫克。

主要食物来源：红肉类、内脏、蛋黄、贝类、深绿色蔬菜、全谷类。

注意事项：深绿色蔬菜固然营养丰富，但因含有草酸，会降低人体对于铁的吸收，因此建议先将蔬菜以清水稍微烫过，再烹调较佳。铁质的补充需要适量，若孕妈妈补充过量铁质，易阻碍肠胃道蠕动，而导致便秘。

6 怀孕就发胖？

健康饮食会说话

合理控制孕期体重变化

为了宝宝健康，孕妈妈常常会在饮食、营养等方面陷入误区。“宁可多吃几种，也不落下一个”，从而导致了孕期体重的失控。但是，妈妈增长的体重≠胎儿体重！

怀孕期间，孕妈妈们的体重变化主要分为三个时期：不增反降的孕早期（0 ~ 3 个月）；稳步上升的孕中期（4 ~ 6 个月）；增长迅速的孕后期（7 ~ 9 个月）。

这是由于在怀孕的初期，由于恶心、呕吐，孕妇可能会“消耗掉”1~2 千克体重。但是 3 个月后，一旦孕吐的现象消失，就会在一周内恢复体重，甚至可能还会增加 1 千克体重。从怀孕第 4 个月起，体重应该平均每月增加 1.5 千克。最后 3 个月的孕期，你的体重会比前 6 个月增加得更快。

孕期超重带来的危险

怀孕期间要经常检测体重。如果每周体重增长超过 1.1 斤的话，就得调整饮食了。

加强营养没错，但不可无节制地进食。在孕期，体重增加过多会导致高血压，从而可能引起妊娠高血压综合征，这会给身体带来危险。同时，高血压也可能会引起妊娠糖尿病，在分娩之后，你可能会变成糖尿病患者，即使妊娠糖尿病会消失，但也可能会给你的孩子带来终生的糖尿病隐患。

所以多吃对孕期妈妈并没有好处，千万不要无视孕期体重。科学合理地调整孕期饮食，有针对性地摄入营养，并且管理好自己的体重才是正确做法。

孕期平衡饮食营养

怀孕期间膳食中所含的营养素要种类齐全、数量充足、比例适当。世界上没有一种食物含有人体所需的全部营养素，必须多种食物相互搭配，以达到“平衡膳食”。

孕期营养摄入过少——营养缺乏，增加早产、低出生体重、出生缺陷的风险；

孕期营养摄入过多——营养过剩，增加孕期贫血、妊娠期高血压、妊娠期糖尿病、巨大儿、难产等孕期并发症的发生比例。

下面介绍孕妇的营养素推荐摄入量，各位妈妈根据自己的情况进行参考。

1. 孕早期营养

在孕早期，孕妈妈应以新鲜蔬菜和水果、大豆制品、鱼类、禽类、蛋类及各种谷类制品等食物为主。膳食清淡、适口、少食多餐，保证摄入足量富含碳水化合物的食物，多摄入富含叶酸的食物并补充叶酸，戒烟、禁酒。

每天摄入膳食的标准如下：

植物油 15~20 克、盐 6 克；	蔬菜类 300~500 克（以绿叶菜为主）；
奶类及奶制品 200~250 克；	水果类 100~200 克；
大豆及坚果类 50 克；	谷类薯类及杂豆 200~300 克（杂粮不少于 1/5）；
鱼类、禽类、蛋类、肉类（含动物内脏）150~200 克（其中鱼类、禽类、蛋类各 50 克）；	水 1200 毫升。

2. 孕中后期营养

适当增加鱼类、禽类、蛋类、瘦肉、海产品以及奶类的摄入；常吃含铁丰富的食物；适量身体活动，维持体重的适宜增长；戒烟、禁酒，少吃刺激性食物。

每天摄入膳食的标准如下：

植物油 25~30 克，盐 6 克；	蔬菜类 400~500 克（绿叶蔬菜占 2/3）；
奶类及奶制品 300~500 克；	水果类 200~400 克；
大豆类及坚果 40~60 克；	谷类、薯类及杂豆 300~400 克（杂粮不少于 1/5）；
鱼类、禽类、蛋类、肉类（含动物内脏）200~250 克（其中鱼类、禽类、蛋类各 50 克）；	水 1200 毫升。

怀孕饮食注意事项

饮食要清淡：孕期应该少吃高脂肪高糖的食物，过量的调味料也不利于孕妈妈和宝宝的健康。吃过甜、过咸、过辣的食物易使体重增加；过咸的食物会使体内钠含量超标，容易引起孕期水肿；辣椒、胡椒、花椒等调味品刺激性较大，多食会影响消化功能，引起便秘，在孕期应停止或减少食用辛辣食物。

食物粗细搭配：真正科学的饮食方法是粗细搭配着吃，特别是对于孕妈妈来说，饮食不应该太过精细，因为食物做得太精细一是可能造成营养丢失，二是一味吃细粮以及鸡蛋、牛奶等，很容易导致维生素 B1 的缺乏和便秘。

拒绝偏食挑食：有偏食习惯的孕妈妈容易缺乏某些营养，这样不仅对身体健康不利，还会影响宝宝发育。最迟在孕前 10 个月就要开始调整自己的饮食结构和习惯。每天吃齐四类食物：五谷类、蔬果类、豆乳类和鱼蛋肉类，每周还要适量食用一些坚果类、菌藻类食物，做到营养全面均衡。

7 开启孕期运动STYLE

孕期运动好处多

很多孕妈妈表示很担心孕期做运动会导致早产，其实不用担心。因为有研究指出，孕妇做运动时虽然心跳加快，但胎儿的心率却没有跟着上升，这说明孕期适当的运动并不会对胎儿安全产生威胁。美国相关机构研究显示，孕妇每天做 30 分钟或更长时间的温和运动是十分安全的。

其实，孕期适量运动不仅对早产无影响，而且对胎儿和孕妇都有多方面的好处。

对于孕妇，运动能促进消化吸收功能，加强血液循环和新陈代谢，增强心肺功能，有助睡眠，减轻腰腿酸痛，预防或减轻下肢水肿。同时，运动还能增加体力，锻炼孕妇肌肉和骨盆关节等，对顺利分娩非常有意义，对产后恢复也有很大帮助。还可以降低妊娠糖尿病、妊娠高血压发生率，或者辅助治疗这类疾病。

对于胎儿，运动为孕妈妈大脑提供充足的氧气和营养，促使大脑释放脑啡肽等有益物质，通过胎盘进入胎儿体内，可加快新陈代谢，促进生长发育，增强胎儿的免疫力；刺激胎儿的大脑、感觉器官、平衡器官以及呼吸系统的发育。避免胎儿营养过剩，出生时超重，以及长大后过度肥胖。

根据孕期不同阶段选择运动方式

此外，孕期做运动也不要拘泥于形式，选择好的锻炼方式才能达到最佳效果，孕妈妈可以在不同的孕期进行相应的运动锻炼，增进身心健康。

1. 孕早期：可以做有氧运动

在怀孕 1~3 个月时，胎盘还不稳定，属于孕早期也是危险期，这个阶段不适合大幅度运动。女性在孕早期新陈代谢增加，热量消耗得很快，血糖供应不足就会导致嗜睡，出现精神不济、孕吐等生理症状，因此这个阶段首先要保证充分休息。

可以咨询医生，根据个人情况配合做一些温和的有氧运动，如散步、踝关节运动、背部舒展运动等，这样有利于自身适应怀孕生理变化以及胎儿发育。

2. 孕中期：最需要运动量

怀孕 4~7 个月时，生理情况已经相对稳定，孕妇也度过了孕早期流产的危机，怀孕的生理不适症状也得到缓解，这时运动有助于孕妇自然分娩，是孕妇运动的最适宜时段。可以适当增加运动量，让身体的循环活力增强。

建议孕妈妈根据自身体能和习惯进行散步、慢跑、游泳、低强度的有氧操、不剧烈的舞蹈，甚至在健身教练指导下的重量训练等。建议多锻炼腹肌，能防止因腹壁松弛造成的胎位不正和难产，还有助于自然分娩。但怀孕 4 个月后腹部隆起明显，为避免压迫到胎儿，应禁止做俯卧运动。

3. 孕后期：为顺产做准备运动

怀孕 7 个月以后，尤其是临近预产期的时候，身体负担越来越重，大多数孕妈妈会感受到胸闷、心慌、背部、腿部、臀部疼痛以及出现抽筋的症状。这个时期也是为顺产储备良好体力的关键阶段，前提是配合身体状况减少运动量和频率，避免活动不当导致早产。

以轻缓的运动为主或者进行伸展练习，只要能缓解腰酸背痛，让肌肉张力增强，拉伸髋部、腿部就可以，为顺产做准备。

4. 产后运动因分娩方式而定

自然分娩：通过自然分娩、没有产后大出血情况的妈妈，在生产后 2 ~ 3 天就可以下床走动，3 ~ 5 天后就可做一些收缩骨盆的运动，产后两个星期，就可以做柔软体操或伸展运动。剖宫产：视伤口愈合情况而定，一般来说，产后一个月可开始做伸展运动，而产后 6 ~ 8 周才适合做锻炼腹肌的运动。

孕期运动注意事项

1. 避免在太热或太冷的环境下运动，适宜温度约 26℃ ~ 27℃。

2. 务必做好热身运动，包括运动前的热身、伸展及运动后的调息阶段。

3. 穿着运动专用的服装。

4. 运动强度要适当，避免跳跃和震荡性的运动。

5. 每次运动 15 分钟后，需稍作休息再开始运动。

6. 运动前中后三个阶段都要尽量补充水分，不要喝可乐等饮料。

孕妇的运动要以不疲劳、不剧烈为基准。也不要运动到身体过热，也就是说孕妇不宜做出汗的运动。这是因为孕妈妈必须避免过度劳累与心跳过快，并且孕期运动的目的并不是在燃烧脂肪，而是在训练全身的肌力。

如果在运动过程中，出现阴道出血或有液体渗漏、活动困难、吃力或呼吸不顺、心悸、头晕、头痛、恶心或呕吐，以及体温突然变化、四肢湿冷或过热、脚踝和小腿肿胀或疼痛、腹部疼痛、胎动减少，要立即停止运动，及时就医咨询是否适合再继续运动。

Anti-aging

Beauty

拯救熟龄肌

PART·4

停下来，肌肤冻龄的秘密

Anti-aging Advice

“多少人曾爱慕你年轻时的容颜，可是谁能承受岁月无情的变迁……”女性美丽最大的天敌就是时间。随着年龄的增长，一条条抬头纹、川字纹、鱼尾纹、法令纹、口周纹爬上脸庞。对女人来说，肌龄似乎比年龄更重要，谁不想拥有一副看不出年龄的鲜嫩面孔，想要年轻十岁真的可以吗？请记住：女人20岁之前的肌肤取决于天生，但30岁以后的肌肤则取决于自己。即刻向衰老宣战，就能留住美丽青春。

1 皱纹不可怕

带你了解衰老的二三事

我们常谈论的年龄，无非有三种：生理年龄、心理年龄、皮肤纹理年龄。生理年龄是我们实际的年龄，无法改变。心理年龄代表一个人的精神状态，如童心未泯、少年老成，表示生理年龄和心理年龄的差距。而皮肤纹理年龄，代表你看上去有多大，有的人生理年龄 25 岁，但看起来却像 35 岁，未老先衰；而有的人生理年龄 50 岁，但在外貌上，看起来却与 30 岁的人没什么区别。

不得不知的衰老因素

皮肤在人体表面，由于其特殊结构，更容易受到各种因素的影响，生理性变化、外在环境作用、局部肌肉的运动、地心引力等都可能造成皱纹的形成。

1. 光老化：紫外线照射到皮肤上会使得皮肤中的自由基含量增加，损害细胞膜。相关研究发现，基因对皮肤的老化仅起到 25% 的作用，阳光却起到 75% 的作用。红外线辐射，43℃ ~ 47℃局部受热，早期可致皮肤萎缩，色素沉着，血管扩张。长期热暴露会引发严重弹力纤维增生及胶原纤维降解，烤面包的厨师也会出现这种早衰的症状。红外线引起真皮色素沉着、弹力纤维增生。

2. 自由基：生活中我们常常会受到自由基的侵害，比如苹果切开以后过一段时间就变色了，就是因为受到了自由基氧化。人体随时受到体内代谢和体外环境中各种自由基的伤害，人体体内是有抗氧化系统来防护和对抗的。但是随着年龄增加，体内抗氧化系统功能衰退，抗氧化酶的活性不断降低，从而积聚产生了清除障碍，引起体内氧化性不可逆损伤的积累。

3. 环境污染：空气中含有挥发性的有机物，如一氧化碳，氧化氮，硫化物等，尤其是如今频发的雾霾天气。粉尘中含有很多看不见的污染物，比如一些化学细微颗粒，并且粉尘中许多有害物可借由穿透皮肤或皮肤接触进而造成全身性或局部性的伤害。

4. 吸烟：吸烟是面部皱纹过早发生的独立危险因素。吸烟引起人体内维生素 A 水平及面部角质层水分减少，真皮中部及网状层弹性组织变性以及使外周血管收缩而致真皮局部缺血等，可能是香烟中的毒性成分参与了皮肤老化，加速了皱纹发展的进程。另外据统计，每吸入一口烟中的自由基为 1000 万亿个，吸烟者和不吸烟者相比皱纹的发生率是 4.7 倍。

5. 遗传因素：不同遗传背景的个体出现皱纹的年龄不同，不同种族的人出现皱纹的年龄也有所区别。如欧洲成年女性眼角皱纹程度比亚洲女性平均严重 5~10 年。

6. 激素：绝经与女性面部皱纹的增长相关，而激素替代疗法可减少绝经妇女面部皱纹的进展。雌激素可以参与皮肤胶原代谢减缓皱纹的进展速度。一旦停经，缺乏雌激素保护，皱纹迅速加重。

7. 代谢废弃物：代谢废弃物包括护肤成分在细胞中完成保养使命后产生的一些废弃物，老旧角质也是代谢废弃物，它们停留在皮肤表面，混合汗液、油脂、灰尘等，把毛孔里外都堵上，会对皮肤正常呼吸产生影响。清理废弃物，就像我们消化食物，化学反应后产生的残渣需要排出体外一样。

除此之外，长期熬夜，多愁善感，急躁易怒，缺乏运动，过度饮酒等不良生活习惯都会促进衰老现象的发生。

皱纹的分类

固有性皱纹：自然老化的皱纹，主要表现为细小、几乎相互平行的皱纹，当受到横向拉力时，皱纹可消失。这些浅皱纹可以因体位的不同而改变其形状和方向。这类皱纹被覆全身皮肤，它们源于真皮网状层及真皮下部结缔组织中胶原纤维和弹性纤维的萎缩。

光化性皱纹：是日光导致的皱纹，主要表现为日益增多且持久存在的线条。发生在某些皮肤日晒区，如面颊、唇上方及颈部。此区域内的日光性弹性组织变性增多、致密，并存在由于萎缩而过度代偿的胶原。垂直于皱纹轴的拉力并不会使这些皱纹消失。

动力性皱纹：微微一笑很尴尬，因表情动作所产生的皱纹是动力性皱纹，此类皱纹最先仅仅在肌肉运动时才出现，随皱纹的加深变粗，在肌肉静止时也持久存在。皱纹的长轴常与面部表情肌力的方向一致。如眼角鱼尾纹，皱眉和皱额导致的眉间纹和额纹，哭笑、咀嚼可导致鼻沟纹、笑纹和口周纹。

重力性皱纹：地心引力作用产生的皱纹，由于重力导致皮肤褶皱或下垂，如双下颌、颈部皱纹。提拉皮肤可以使重力性皱纹消失。

如何辨别干纹和皱纹

用手指放在眼睛下方横着轻轻往上推，看到平行的纹理就是因缺水造成的干纹。通常眼角发干，不做表情时眼角没有纹路。而皱纹的纹路之间呈现放射状，没有表情就显而易见，常出现在眼下和眼尾。

干纹：缺水肌肤易出现，纹路密集、平行。使用肌底液或补水精华都能缓解干纹问题，但要注意保湿，比如再涂抹一点保湿的乳液。根据当地的气候条件和肌肤的舒适度，选择油性成分最适合自己的保湿产品。

皱纹：纹和纹之间呈放射状，没有表情就显而易见，常出现在眼下和眼尾。最好使用去皱抗衰老的精华霜打底，然后再涂抹补水保湿的乳液或者霜，两者结合，减少水分散失同时修护细胞。

2 衰老分等级

定制熟龄肌抗老化方案

到了一定年龄，新陈代谢的减缓会导致各种纹路出现，这是每个人都不可避免的问题。从25岁开始，女性体内的荷尔蒙分泌量会以每10年下降15%的速度逐年减少，因此，我们各个器官组织包括肌肤、头发以及身体各机能都开始逐渐老化。如果你从一开始就不关注这些细节的衰老迹象，那么日积月累，脸部纹路严重，难免让人看起来有老气横秋的感觉。

防患于未然，预防永远比治疗要容易得多。也许你觉得自己正值青春无敌、活力无限的大好时光，平日里便疏于美容保养、忽视健康作息，于是，身体细胞的衰老迹象就在此时乘虚而入，并且一点一滴慢慢浮于外表之上。一开始肉眼可能无法察觉，然而一旦转为细纹、松弛、干枯等明显的老化状态时，想要修补就有些困难了。

25岁警惕——光化性和动力性皱纹

从出生到25岁，肌肤内的雌激素分泌和优质胶原蛋白的供给会逐渐达到高峰，一旦滑过最美好的25岁，随着激素和胶原质不能再满足肌肤需要，干燥、缺水、斑点或细纹便开始光顾。

光老化是加速肌肤衰老的重要因素，它可以超越年龄，只是年轻时期的肌肤自我修复能力比较强，不容易察觉。而一旦自然老化开始出现，

光老化就会让衰老变本加厉！早期的动力性皱纹不表示老化，不过随着年龄的增长，因表情动作所产生的皱纹会变得越来越深，形成永久皱纹。

你该这样做

不管处于什么年龄段防晒都是很重要的，尤其是在 25 岁这个衰老门槛。紫外线是光老化的元凶，会毫不留情地摧毁肌肤中的胶原蛋白，所以一定不要忘了防晒这件事。选择保湿力度强，兼具促进胶原蛋白新生的产品，把失去的补回来，才不会在阳光下失去好肌肤。

年轻肌肤最怕的就是缺水和自由基的破坏，正确的抗老化应该是尽量将外界的损害降到最低，包括强烈的紫外线、持续干燥、过多的糖分摄入，在此基础上可以做一些抗氧化、加强皮肤修护能力、刺激自身胶原蛋白合成、加快皮肤更新及过厚角质层剥落等护理来预防和改善衰老现象。同时借由富含细胞保湿因子及植物萃取成分的产品，加强肌肤造水锁水功能，避免沦为“外干中老”熟龄肌。

最后要注意平时动作表情不要过于夸张，避免表情纹的出现。

35 岁警惕——固有性和动力性皱纹

35 岁左右的你正处于女人最美好的时光里，没有了 20 岁的稚嫩，尚无 40 岁的压力。但你的肌肤却开始迈入了另一个阶段，变得非常容易老化，皮肤中的水分及胶原蛋白含量开始大量流失，毛孔失去了以往的弹性。肌肤角质层的代谢变慢，角质增厚，细胞间的组织排列变得不规则，紧致度下降，涂抹护肤品不能充分吸收。

动力性皱纹在 35 岁左右开始明显，这是表情肌长期收缩的结果，主要表现在抬眉纹、眉间纹、鱼尾纹、口角纹和唇部竖纹、颊部斜纹等。这个年纪，干纹、表情纹慢慢演化为永久皱纹。此时如果不截断皱纹的生长，你和那些保养得宜的同龄人，面相很有可能一下子差出 5~10 岁之多！

你该这样做

35 岁的年龄决定你是美女 or 准大妈，想要驻颜有术，首要任务就是紧致肌肤。如果年轻时没有做好防晒和保湿工作也没关系，亡羊补牢，为时未晚！此时，一般的保湿产品已经无法对其起效，35岁之后，你需要考虑选择一套针对此类表情纹的专业抗老化保养品，才能控制住皱纹向更深的方向发展，并预防其他部位的皱纹出现。

天然精油在抗老化，抗菌消炎，促进细胞再生等延缓老化方面，可起到很大的作用。我们可以将面霜和精油保养结合起来，一元硬币大小的保湿抗老化面霜，混合3~4滴精油进行按摩，你会发现原本不易吸收的面霜可以被皮肤立即吸收甚至不用再擦拭，而且滋润效果超级棒。

45 岁警惕——重力性皱纹

处于 45 岁的年龄段，能够明显感觉到身体机能大不如前，皮下组织脂肪、肌肉和骨骼萎缩，皮肤老化后，加上地球引力及重力的长期作用导致产生严重的皱纹问题。

另外，紫外线、烟酒过度、饮食无规律、保养时过度拉扯等都会刺激肌肤，引发色素沉着或肌肤松弛。据专业数据统计，面部轮廓每下垂 0.5 厘米，年龄看起来就老了 10 岁。

如果你一直抗衰老，那么请坚持，今天的你一定比同龄人年轻，5 年之后你还是犹如今天。如果你从不抗衰老，到 45 岁才想起来，必须有心理底线，不是产品不够有效，只要皮肤保持现状，不变得更差，那就是好的。

你该这样做

45 岁时，你早就习惯了眼角纹在不断变长，也许已经开始对衰老麻木。千万不要！皱纹不可能没有，你却一定要大喊 STOP！

此时的你要给肌肤全面进补，面部、颈部、身体全面抗老化！抗皱功课要由内而外，除了补充表皮的皮脂和水分，还要补充真皮层流失的胶原蛋白。这时需用抗皱、保湿的霜类产品、营养面膜和具有保湿、除皱功能的精华液。你需要一些抗老化成分来帮助你“刷新”肌肤，选用高度滋养修护的精华，能够有效改善肌肤自身修复机能。建议你购买价格高昂的护肤品前，先索要一点小样，试用几天，看看效果再做决定是否购买。

缺水缺油是 40 岁肌肤的特点，要让肌肤细胞水润饱满，更要补充足够的滋润度和油脂，才能将所有养分精华锁进肌肤底层。肌肤外围需要一层完整的皮脂膜作为防护，避免肌底水分流失，使用滋润度高的乳霜，如荷荷巴油，乳木果油等高油脂成分。

最好每三个月至半年使用一次密集护理产品，可以给肌肤补充营养，改善气色。同时医学美容手段能帮助你更有效地在短时间内重拾青春，效果明显。

3 不同肤质的熟龄肌抗老化方法

油性肌肤

油性肌肤皮脂腺分泌旺盛，一直被认为是不怕老的肤质，相关研究也证实，皱纹分布最少的地方往往是皮脂腺分布最多的地方，油性肌肤不易衰老主要是因为皮脂腺能够分泌较多油脂。当干性肌肤还在为色斑和皱纹发愁，油性肌肤面对的不过是毛孔和黑头而已。

对于笃信“油性肌肤不显老”、“油性肌肤抵抗力强”的乐天派，这样的观念反而会起反作用，由于不太刻意保护肌肤，结果日积月累的紫外线伤害使真皮层胶原蛋白流失，粗大毛孔、细纹接踵而至，皮肤走向衰老。

对于注重油性肌肤护理的“行动派”，如果一味地控油，经常使用清洁力度强的磨砂啫喱和撕拉面膜来清洁肌肤，肌肤长期遭受过度清洁和暴力护肤，其表皮屏障会被破坏，犹如失去植被保护的土地，经历风吹日晒后，松弛随之而来。

你该这样做

油性肌肤虽不容易出现细纹，但并不代表肌肤没有开始老化。油性肌肤补水保湿要加强，从平衡皮肤油脂分泌入手，促进皮肤自我修复，胶原蛋白增生后毛孔自然会收紧。

虽然出油量减少是衰老现象之一，但不代表抗老化产品就一定要质地油厚。抗老化效果重点在于活性物质，并不是在于油脂含量，很多抗老化产品的质地轻薄，油性皮肤使用起来也毫无负担，可以选择啫喱或凝露状的精华或晚霜。

干性肌肤

干性肌肤与油性肌肤恰恰相反，干性皮肤油脂分泌较少，屏障较差，肌肤水分容易流失，容易出现干燥细纹和敏感现象，而且一旦皮肤的水分度下降，防御力和代谢力都会随之下降，容易脱皮、长斑和生成皱纹，眼周与嘴角细纹明显。干性肌肤的好处是肤质细腻，不易吸附污垢，很少长粉刺和痤疮。

你该这样做

在肌肤迈向衰老的同时，干性肌肤对于水分的需求也越来越大，建议日夜增进保湿，白天使用补水面霜，晚上则使用面部按摩油增进保湿，随时携带保湿喷雾来应对不时之需。每周至少敷两次补水面膜，利用面膜软化干燥角质层，让后续产品更容易被吸收。

保湿的时候也要注意，不能因为肌肤干燥而把保湿产品涂得过厚。如果因为感到脸部肌肤干燥就过量涂抹的话，会给肌肤造成不必要的负担。干性肌肤会因为涂抹质地过于厚重的保湿霜而降低免疫力，起到相反的效果。

皮肤干燥的时候看上去会更“皱”，使用保湿霜可以让干性肌肤看上去好一些，但要警惕源于光老化的皱纹，是保湿霜去除不了的。要让皮肤真正恢复青春，光用保湿霜是不够的！防晒和抗老化工作都要做。

此外，由于干性肌肤本身油脂分泌不多，如果频繁洗脸，会让干燥的情况更为严重。抗衰老方面可以选择保湿滋养效果较强的抗老化产品，尤其要注意修复屏障功能。

敏感肌肤

敏感性肌肤就是“易受刺激而引起某种程度不适的皮肤”，易受刺激是关键，所以这种皮肤角质层都比较薄，对外界的抵抗力也自然降低。

肌肤敏感必然会在皮肤表层形成微小的伤口，而我们一天当中会受到各种污染、紫外线、辐射等问题对肌肤的伤害，所以色斑、黯沉、肤色不均、痘痘、衰老等问题很容易会找上你，这时你应该注重修复和建立肌肤健康屏障。

你该这样做

虽然一些抗老化成分有一定的刺激性，但正规的产品和优良的配方会把活性物质控制在安全的浓度范围内，所以敏感肌肤也可以使用抗衰老产品。敏感肌肤对于成分的选择有一定的局限性，宜选择成分比较简单，强调保湿并有修复屏障功能或者具有抗氧化功效的抗老化产品。避免酒精香料及刺激性的物质，使用前在脸与脖子交界处做好皮肤测试。

加速角质层剥离是让皮肤焕发光彩的方法之一，但敏感肌肤一定要减少这样的动作，这样会加重皮肤敏感。

4 准确投资

抗老化成分

讲述抗老化成分前，我们有必要先了解一些抗老化概念。

1. 去糖化概念：糖化后的胶原蛋白会导致纤维僵硬，肌肤失去柔软与弹性。使纤维母细胞里发生的糖化作用能够被还原，使肌肤保持弹性，减少皱纹。

2. 干细胞概念：抗衰老要激活干细胞，促使肌肤再生。干细胞为起源细胞，是一类具有多向分化潜能和自我复制能力的原始未分化细胞，人体都是从干细胞演变而来的。对于人体来讲，细胞和它的子细胞数量不会减少，关键是活力。随着年龄增长，活力下降，要改变干细胞的环境才能启动干细胞，使我们的肌肤恢复年轻状态。

3. 端粒酶概念：端粒随着细胞增殖会逐渐缩短，端粒缩短人体就会衰老了，而端粒酶可以延长端粒的寿命。正常细胞端粒酶都是被抑制的，癌细胞里的端粒酶是比较活跃的。根据端粒学说的原理，把端粒酶注入衰老的细胞中，延长端粒长度，使细胞年轻化，从而达到青春常驻。

4. 冻龄概念：把青春留在最佳状态，延长肌肤黄金周，巩固青春肌底。趁皮肤年轻状态提早预防和保持，不要等老化了再来补救。

抗老化成分不同，相应的作用机制也会不同。

增强皮肤细胞的增殖代谢能力

衰老的实质实际上是组织细胞功能的衰退，我们需要促进细胞增殖代谢能力。部分抗老化护肤品的作用是促进细胞分裂和增殖、加快表皮角质细胞脱落速度、刺激基底细胞分裂，从而改善皮肤外观。

可以促进细胞活性的物质有 α－羟基酸、维甲酸、表皮生长因子。美容院中常会利用微电流在皮肤上的滑动，来刺激细胞的增殖能力。

重建皮肤的细胞外基质

真皮细胞外基质中，糖胺聚糖和蛋白聚糖能够形成水性的胶状物，含有结构蛋白和黏着蛋白等，构成负责的网架结构，支持并连接组织结构、调节组织的发生和细胞的生理活动。由天然保湿因子、胶原肽、弹性蛋白肽、透明质酸、磷脂等，恢复年轻时候的细胞外基质含量和组成。许多抗衰老护肤品建立在这个基础上试图重建细胞外基质。

抗氧化

对抗离子和低能辐射产生的活性氧自由基对皮肤脂质、蛋白质、生物膜的损害作用。

1. 酶类抗氧化剂：超氧化歧化酶（SOD）、谷胱甘肽过氧化物酶（GSH-PX）、过氧化氢酶（CAT）、谷胱甘肽还原酶（GSSG-R）、辅酶 Q10。

2. 非酶类抗氧化剂：维生素 E、维生素 C、硒和硒化物、硫辛酸、抗坏血酸棕榈酸脂、二甲氨基乙醇、三烯生育酚。

3. 天然成分：天然植物中同样含有抗氧化性、如茶叶里的茶多酚，葡萄里的葡萄多酚，即花青素，番茄中的番茄红素，山毛榉提取液，蔷薇花提取物，从松树皮里提取的碧萝芷，蓝莓和石榴可提取鞣花酸，既有美白功效又有抗氧化活性。芦丁是从芸香、槐角、槐花、荞麦等天然植物中提取的成分，同样能清除细胞产生的活性氧自由基，具有防紫外线辐射和去红血丝的作用。

抗光老化

防晒霜，一定要加入UVA吸收剂。紫外线引起的皮肤衰老同表皮层某些成分改变有关，维生素 A 含量下降，在使用防晒霜的同时补充失去的物质，可帮助皮肤恢复重建。

保湿和修复皮肤的屏障功能

皮肤衰老的特征是干燥，皮脂腺分泌低下，天然保湿因子的含量下降，表皮水合能力低下。保持皮肤中的水分可以大大缓解皮肤衰老问题。

弹力的缺乏主要是因固定蛋白质的合成减少和胶原纤维的流失，导致真皮与表皮层交界处倒塌，细纹便由此产生。胶原蛋白的补充是必不可少的。

抗交联

大分子交联可以导致人体衰老，要预防一些物质的交联，护肤品中会加入柠檬酸盐、酒石酸钠、EDTA 等，通过对金属离子的络合而抑制其交联反应。

抗降解

化妆品中加入各种酶的抑制剂，对抗各种水解酶对皮肤细胞外基质的降解。比如对抗胶原酶，弹性蛋白酶和透明质酸酶。

对抗荷尔蒙老化

女性雌激素水平的降低会出现衰老的症状，黑芝麻中具有类荷尔蒙的结构，对雌性激素细胞有很好的亲和性，对因荷尔蒙缺乏而引起的皮肤老化起到预防作用。

抗过敏炎症

环境污染引起的皮肤损害很普遍，它的表现往往是皮肤过敏性炎症发生。重建皮肤的自我防护屏障，建议使用有抗过敏作用的有效物质。橄榄多酚和葡萄糖酸镁有清除自由基的能力，在皮肤受到污染时能缓解皮肤压力，激活细胞生命力，从而使皮肤更年轻更有弹性。

5 逆转肌龄的抗老化产品 怎么用最有效

洗面奶

抗老化洗面奶通常含有抗氧化成分如维生素 E 等，一些产品含有去角质成分，如 β-羟基酸以及保湿成分。抗老化洗面奶在温和去除皮肤污垢的同时，还能够起到加速角质代谢和软化皮肤的作用，同时内含保湿和抗衰老成分，帮助解决衰老皮肤的干燥问题。不过仅凭洗面奶在脸上停留的时间，是达不到很好的抗老化需求的。想要肌肤抗衰老，选择合适的后续保养品才是最重要的。

肌底液

女性在 25 岁之后，皮肤需要修复日积月累的细胞损伤，需要代谢老化胶原蛋白，刺激新胶原蛋白产生，肌底液是值得尝试的。还有就是适合护肤效果不明显的人，特别是角质层粗糙的干性肌肤，角质层不给力，连亲肤的油性成分都“钻”不进去，那么肌底液是你的好帮手。如今越来越多的肌底液还添加了抗老化、美白、保湿等功效，与活化肌底的成分共同作用。

肌底液大多含有既亲水又亲油的成分，能够将护肤品中的水分和油分同时瓦解，继而被肌肤更好地吸收。同时配合软化、滋润角质的成分，令角质层更容易吸收后续的保养成分。因此最适合那些肌肤缺乏弹性、肌理紊乱、护肤效果不明显、肌肤干燥、粗糙，表层较硬的人群。

坚持使用肌底液的话，在换季时，肌肤会有更好的适应性，不会突然产生很多细小干纹，也不会突然变得外油内干。肌底液使用后的感受虽然和补水精华液类似，但它在增强细胞的修复能力、帮助细胞达到良好的修复效果上更胜一筹。

精华液

精华液，具有抗衰老、美白、抗皱、保湿、祛斑等多种功效。精华液提取自高营养物质并将其浓缩，通常含有较多的活性成分，分子小，渗透力较强。精华液起到的作用是淡化细纹、延缓衰老，但精华液不等于浓稠的黏液，优质的精华液应该是轻盈的水质或者油状。

抗衰老精华产品持续使用 60 天是一个对肌肤进行补给和修复的最佳周期，这 60 天基本包括了两代肌肤细胞的生长和更替（肌肤细胞生命周期是 28 天左右）。经过修复的肌肤，真皮层的胶原蛋白细胞储水能力更强，弹性纤维弹力十足。

年龄偏大的女性应该选用一些特效精华液，使用时，可以搭配按摩手法，能够卓效促进面部微循环，由内而外全方位提升面部线条，帮助脸部重塑 3D 般立体紧致轮廓。

乳液、面霜

乳液、面霜是基础护肤最重要的一步，具有抗老化功能的乳液或面霜，能帮助肌肤持续抵御外界侵害，加强内在修复，明显淡化细纹皱纹、敏感肌肤亦得到舒缓，肌肤变得更加柔嫩平滑、紧致润泽。所以，拥有一瓶好的面霜或乳液非常重要。

“让肌肤重返年轻态”一直以来都是各大护肤品广告中的宣传亮点，在抗衰老产品的研发中，除了添加抗衰老功效物质之外，如何通过成分配置和手法配合，让这些成分顺畅导入皮肤不同肌层从而发挥最大功效，成为品牌们的研发难点。各大品牌如今都有自己的专利成分，大家可以按需选择。

如果当你使用某些产品会立刻见效，可能是因为里面加入了能产生短期效果的成分，比如反光颗粒。目前也很流行在抗皱产品里加入硅、矽等成分，能起到瞬间抚平皱纹的效果，这只是为了让使用产品的消费者更有信心，而更加愿意购买并长期使用该款抗老化产品。所以，不要贪心选择一抹就立刻见效的抗老化乳液或抗老化面霜。

护肤品的叠加和混搭

大多数女性最希望实现的护肤效果就是保湿、抗老化和焕肤亮颜，于是就会使用不同功效的产品进行叠加和混搭。怎样组合才能实现护肤效果倍增的目的呢?

要知道，皮肤对护肤品的吸收越好，产品发挥的作用就越大，因此增加吸收可以将护肤产品的作用叠加和倍增。比如使用可以温和去角质及改善皮肤表面酸碱性的爽肤水，可以提高后续产品的吸收；使用清毒排浊的产品，可以让皮肤中的毒素含量减少，后续产品的作用也会更明显；使用对皮肤受损伤细胞 DNA 和蛋白质有修复作用的产品，可以提高后续护肤产品发挥作用。富含维生素和多糖类成分的护肤品，可以增加皮肤活力，增强皮肤抵抗外界伤害的能力，这样的产品当然也会为其他产品的作用加分。

但有些产品的叠加和混搭会影响保湿、抗老化和焕肤效果，甚至引起皮肤的不良反应。比如使用过强的去角质产品，或使用化学焕肤产品等，可能导致皮肤屏障功能受损，抵抗力下降，再使用后续产品时，就可能造成皮肤敏感和刺激。

还有一些护肤品更适合在夜间护肤使用，如果在白天使用，并与其他日间产品混搭，就可能导致护肤作用打折扣。

6 还原好气色

你的美貌指数才能 UP

好气色的秘密

“黄脸婆”常用来形容年纪偏大，面色衰老的女性，但是，现在很多年轻的女性也面临“黄脸婆”的问题，特别是在疲劳、睡眠不足、情绪低落时，女性的肌肤都会变得又黄又黑，晦涩无光。实际上，不少女性过了 28 岁以后，皮肤就会经常发暗，有时就像罩着一层不干净的黄气，有时又感觉灰头土脸的。肌肤黯黄、皮肤黯沉、肌肤粗糙、松弛、有小皱纹，这些都是初期老化的症状。因此，千万不要以为自己的皮肤除了黯黄，没有其他问题就不管了，想要保持好气色，要及早进行护理才是硬道理。

28 天是肌肤新陈代谢周期，在这个周期中，肌肤细胞要经历新生 - 成长 - 脱落这个过程，因此，要在黑色素分泌的不同阶段抑制它们分泌，才能有效改善气色。

肌肤与整个人体间还存在着一种同步的昼夜节律——夜间自我修护，日间自我防御。健康的肌肤细胞可根据人体的天然昼夜节律循环，通过精准的修护响应身体在夜间最大化的修护功效。然而，年龄的增长和持续的环境压力会减缓细胞的修护和防御过程。

日间防御

紫外线、污染、负面情绪、不健康食物带来的炎症……都是肌肤老化的“凶手”，它们共同促使皮肤变老，但这些都可以通过使用护肤品帮助防护，哪怕是负面情绪，也可以通过使用舒缓愉悦的植物香氛产品帮助缓解。

白天工作压力、饮食、情绪等都在消耗你的精力，让肌肤处于紧张戒备状态，把全部精力都用在了抵御外界伤害上面，日霜的功能也是以隔离和防护为主。

细纹、黯沉、色斑等肌肤老化问题很多都是晒出来的，紫外线的照射让肌肤的胶原蛋白和弹性纤维受到破坏，使肌肤纹理变得混乱，出现细纹和松弛等症状，并且会加速黑色素的产生，肌肤变得晦暗无光，出现色斑。如果受到伤害的细胞在夜间不能完全被修复，次日又遭到紫外线持续伤害，日积月累，身体自我修复排毒工作难以完成，就会毛孔扩张、发炎、皮肤老化。春夏季的白天一定要涂抹防晒霜，秋冬季虽然可以不用单独使用防晒霜，但也建议使用 SPF15~20 的日用乳液。

日间抗老化，一定要使用含有抗氧化成分的护肤品，修护紫外线和城市污染对肌肤细胞造成的伤害。

健康排毒，才能恢复好气色，我们可通过日间的饮食调理：一日三餐，尽量少吃不健康的乳糖等，远离咖啡。早上吃柑橘或者喝柠檬汁；中午吃粗纤维食物，例如芹菜和西兰花；晚上吃燕麦。坚持一周或者十天，能加快体内毒素的排出，改善肤色黯沉，改善睡眠质量。

Tips：1.晚上入睡前 4 个小时不要进食，食物在体内堆积不容易消化，产生毒素；
2.吃饭时不建议将含有浓缩蛋白质的食物，如肉类，和含有碳水化合物的食物一同食用，会增加身体内部的消化时间，减缓机体毒素的代谢。可以吃完肉类后再少吃一些主食。

夜间修复抗老化

皮肤之所以有光泽，是因为皮肤真皮层和皮下组织微血管提供了足够的营养。长期的熬夜生活，错过了淋巴和肝胆排毒的时间，睡眠不足本身也会让血液循环“踩刹车”，放缓代谢速度，表皮肌肤得不到足够养分，又无法将体内废物顺利排出。

研究发现，睡眠质量良好和睡眠质量不佳的参与者对比，老化迹象和肌肤反应功能存在显著差异：

1. 睡眠质量不佳者，肌肤产生细纹、色素不均、肌肤松弛、弹性下降等内在老化迹象的数量为睡眠良好者的两倍。

2. 对肌肤屏障干扰 72 小时后，睡眠质量不佳者的失水程度高出 30%，表明睡眠质量不佳者的肌肤屏障恢复力较弱。

3. 睡眠质量不佳者的晒后恢复速度较慢，说明肌肤损伤的修复效率较低。

4. 睡眠质量不佳者往往感觉肌肤黯沉。

5. 睡眠质量良好者对多项肌肤表现更为满意。

6. 睡眠不足的人，常常出现皮肤表面微血管血液循环淤滞现象，使皮肤变得晦暗或显得苍白，失去应有的红润光泽。

7. 睡眠质量不佳同以下老化迹象存在关联：细纹增加；锁水屏障受损加剧，导致肌肤更易缺水；肤色不均。

如果你长期晚睡，每天只有 4~5 小时的睡眠时间，你的气色肯定很糟糕，因为睡眠不足会提高压力荷尔蒙的含量，压力荷尔蒙阻止肌肤吸收护肤品，甚至让你感到像整晚都没有睡觉一样。神经末端也让肌肤感受到这种紧张和压力，就算涂抹昂贵的护肤品，也只是表面功夫，肌肤吸收不进去。这个时候，必须使用具有强效激活并且能给肌肤注入氧气的产品，才能焕发好气色。

夜间是修护和抗衰老的好时机，特别是夜晚 11:00~ 凌晨 2:00 期间，建议这个时候应该让肌肤熟睡，因为这段时间是肌肤细胞自我修复和新生的最佳时期，对于经常熬夜的人来说，也建议每个月至少要 2 周早睡，否则肌肤衰老会比同龄人明显很多。

使用高效修护的抗老化精华液或者面霜，能够给肌肤注入丰沛能量，给肌肤充电。这类护肤品能帮助肌肤表面的微循环迅速加强，再把其他护肤成分强行输入，让肤色迅速红润。但需要注意的是，这类产品需要间歇使用，避免长期催化肌肤，也避免肌肤产生耐受性影响效果。

不少美容品牌推出了“熬夜霜”产品，可以替代睡美容觉吗？很遗憾不可以。熬夜霜是通过两种作用帮助减少熬夜痕迹，一是焕肤成分，让堆积在皮肤表层的老废角质尽快脱落，提升皮肤的通透性，让皮下红润的血色透上来；二是具修护功能的植物成分或是生物配方，虽然在短时间内能为皮肤补充大量营养，让细胞有水润感，显得气色不错，但它只适合在特殊时候使用，不宜长期使用。美容觉的重点在于全身细胞的修复，抗击自由基伤害，延缓整个身体的衰老，是无可替代的。

通过睡美容觉和美容产品一起来修复，在睡眠过程中皮肤毛细血管循环增多，其清除力加强，有效的美容成分帮助加快皮肤的再生，重回好气色。

口服美容

众所周知，护肤的最佳效果是由内而外。随着美容理念的快速更新，人们已经不满足于只靠食物或护肤品来养肤，更多科学便捷的美容方式为大众提供选择。口服美容品已经流行十余年，热度丝毫不见减退。目前这些口服美容品的功效大多都定位成“抗老化”，除了能提供很多无法从食物中摄取的营养元素，还可以帮助提升皮肤的生理平衡，让外用护肤品的作用叠加和倍增。

现在的口服美容品非常多，主要分为饮料、药丸(胶囊)和粉末三大类，因为摄取方便，饮料是最有人气的。相比于药房里售卖的非处方的、具美容作用的药剂，美容品牌推出的口服药丸，它的美容功效均经过正规合格测试，所以相对美容针对性强，最重要的是能简单口服、购买便利，说明书中也会简单明了说明每日摄取量。

口服美容产品需要服用3个月以上才能看到成效，服用初期可被利用的活性成分会逐渐扩散至整个机体，优化生理机能，外在效果很难察觉。但服用一段时间后，生理机制被调整到健康状态，进入巩固阶段，就能明显感受到它的功效。虽然口服美容产品的效果备受肯定，但护肤品也万万不能省略，它们直接作用于皮肤表层，能保护肌肤防止营养成分的流失，也能抵御外界刺激。

不少女性认为加大美容产品服用量，则美肌效果也会加倍，这是不对的。口服美容品和护肤品一样，在用法和用量上都建议遵循“中规中矩”的原则，不要擅自主张，以免重复过量或者成分之间相互制约，影响效果。加量服用或许根本无法带来等同的效果，反而会造成其他问题出现。

在选择口服美容品时，品牌的历史、口碑以及科学研发背景是非常值得考虑的。同时在口服产品时，建议最好有3~6个月的坚持期，就像外用护肤品一样，这样才能够看到产品效果。

不过，经常服用口服美容品的人容易产生一种依赖心理，认为自己补充了各种维生素、胶原蛋白、辅酶Q10等，就能够继续心安理得地过着有饮食不规律、晚睡晚起、从不锻炼的生活。事实是，保养品只是补充，而不是替代，身体所需的营养成分还是需要从日常膳食中吸收，而且良好的生活习惯和定期锻炼才是增强身体机能、扭转亚健康状态的关键，否则再多的口服营养品和美肌品都不能弥补。

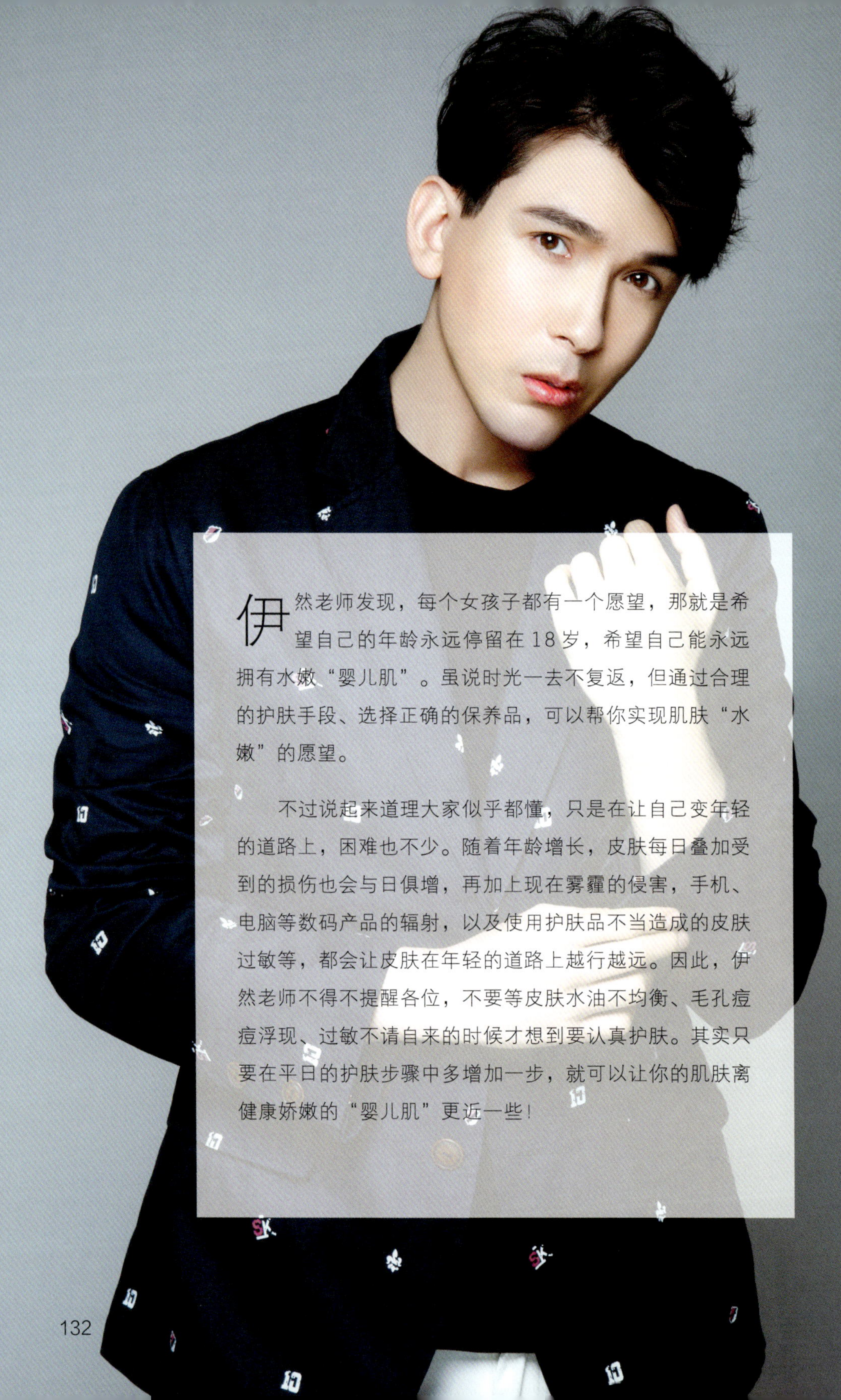

伊然老师发现，每个女孩子都有一个愿望，那就是希望自己的年龄永远停留在18岁，希望自己能永远拥有水嫩“婴儿肌”。虽说时光一去不复返，但通过合理的护肤手段、选择正确的保养品，可以帮你实现肌肤“水嫩”的愿望。

不过说起来道理大家似乎都懂，只是在让自己变年轻的道路上，困难也不少。随着年龄增长，皮肤每日叠加受到的损伤也会与日俱增，再加上现在雾霾的侵害，手机、电脑等数码产品的辐射，以及使用护肤品不当造成的皮肤过敏等，都会让皮肤在年轻的道路上越行越远。因此，伊然老师不得不提醒各位，不要等皮肤水油不均衡、毛孔痘痘浮现、过敏不请自来的时候才想到要认真护肤。其实只要在平日的护肤步骤中多增加一步，就可以让你的肌肤离健康娇嫩的“婴儿肌”更近一些！

白白嫩嫩才是“婴儿肌”的正确打开方式。如果肌肤有美白诉求，一款安全的美白产品能帮你大忙。雪肌精化妆水想必是很多女性的美白“神器”，那也别忘记配合乳液一起使用效果才好！这款雪肌精樱花限量版乳液也是伊然老师最近工作时常常带在身边的爱用之物！

想要拥有婴儿般健康的皮肤，那么在选择面膜时，“无香料、无酒精、无界面活性剂，所含成分温和安全”一定是首要标准，Clear Turn 婴儿肌面膜就能满足以上要求。此外，其所含精华液成分除了含有能够帮肌肤补充水分的透明质酸等高保湿成分以外，还含有可以帮助调整肌肤至健康状态的嫩薄荷、德国洋甘菊精华成分，让不稳定的肌肤逐渐恢复水油平衡，特别适合容易长痘痘、皮肤状态不佳的女性。

PART·5

眼唇才是肌肤逆龄的法则

Eyes & Lips Care

观察眼周的颜色，就能发现一个人的年龄、心理、日常生活习惯，甚至是身体问题。仅仅是眼周的小细节，就能把你的青春活力悄然出卖，更能把别人对你的好感度拉低！随着年龄的增加，40 岁开始，女性眼周老化加重，干燥、细纹、眼袋、黑眼圈较之前更明显。拥有明亮的眼部区域才能为你减龄，让你看起来精神十足！

双唇也是容易出卖年龄的细节，干燥，黯淡，血色不足……都是双唇发出的衰老信号。

1 留 笑 不 留 纹

轻松赶跑鱼尾纹

为什么第一道细纹往往出现在眼睛周围？数据表明，现代亚洲女性较上一代平均每天工作时间延长50%，并且长时间上网，面对电脑，因干涩和用眼过度，造成眨眼次数激增，这使得原本就只有 1/4 皮肤厚度的眼部皮肤提前产生细纹和幼纹。产生第一条细纹的眼部肌肤，如果不加倍呵护，第二和第三条细纹就会接踵而至，并且会随着年龄的变化逐渐加深形成皱纹。

残酷的事实是，眼周出现的细纹都是不可逆转的，一旦出现，顶多是淡化它但不可能真正消除。因此，一定要严密防守眼周这个关键部位，稍有不慎就会因此平添年龄感。

真性眼纹 & 假性眼纹

了解如何对付眼部细纹之前，我们先来了解一下怎样辨别真假眼纹。

方法一：食指放在眼角处，轻轻上推眼角皮肤，让细纹出现，保持5秒，然后放松皮肤。这时观察皮肤，如果细纹迅速恢复原状就说明是假性皱纹，如果细纹迟迟不退去就是真性皱纹了。

方法二：拿一面镜子，对着光线看，如果不笑的时候就能看见的眼纹就是真性皱纹。如果笑的时候出现，不笑的时候就消失，就是假性皱纹。

眼霜可以帮助我们尽早抵御皱纹的产生，防止假性皱纹变成真性皱纹。如果是假性皱纹，通常是干纹，一定要做好眼周的保湿功课，每周一次的眼膜护理也是必不可少的。

真性皱纹是损伤了真皮层的纹路，需要使用能够刺激胶原蛋白生成的产品，同时配合按摩。可以尝试“逆向垂直”涂抹法来淡化眼纹，就是用垂直于细纹的方向来涂抹眼霜，多按摩几分钟效果更好，力度要轻柔，长期坚持可改善眼纹。

抗老化眼霜的选择

从质地来说，眼霜的质地主要分为啫喱质地、乳液质地、膏霜质地等。

1. 啫喱质地：啫喱质地的眼霜最清透，不含油分，主要功效是补水保湿。如果希望淡化黑眼圈、减轻眼部浮肿或是解决眼部干纹，啫喱是不错的选择。由于啫喱质地眼霜延展性非常好，所以可以用打圈按摩的方式涂抹。取一颗小珍珠大小的眼霜，以眼睑下方为起点，逆时针在眼周打圈按摩，最后轻拍使其完全被肌肤吸收。

2. 乳液质地：乳液质地的眼霜营养成分比较丰富，质地相对轻薄，主要功能以防止老化，缓解细纹为主。乳液质地眼霜通常用点按的方式使其渗透进肌肤。

3. 膏霜质地：膏霜质地的眼霜营养最丰富，含油脂比较多，可以弥补轻熟龄肌肤及熟龄肌肤自身的油脂分泌不足，功效也指向更难解决的眼部皱纹。膏霜质地眼霜的延展性比较一般，所以在涂抹时，建议取两粒米粒大小的眼霜，点在眼周，之后用点按的方式使其渗入肌肤。如果眼尾有细纹或者皱纹的话，可以用食指和中指将纹路撑开，然后点按涂抹，这样能强化淡纹和抗老化效果。

眼霜质地越浓稠越滋润吗？这要看眼霜的成分结构，有些质地很浓稠，但抹开了却很轻薄，有些抹开则是油脂。眼霜的滋润度还是要看它的持久力，在涂抹两小时之后的效果，感觉舒适的眼霜才是滋润度好的。如果你的眼部感觉吸收不了，油腻到长脂肪粒，说明这款眼霜并不适合你。

从成分来说，我们还需要非常重要的抗老化成分，这类成分又分成三类。

1. 修复成分：主要作用是激活细胞，或者促进角质间质再生。其中酵母发酵类和DNA类的成分具有基因修复功效。烟酰胺、神经酰胺、植物甾醇、卵磷脂等成分是皮肤细胞或者角质中间本来就存在的成分，它们能在皮肤受到损伤的时候帮助修复，有些还能刺激胶原蛋白再生。还有各种维生素微量元素，烟酸（维生素B3）、泛醇（维生素原B5）、胡萝卜素，各种矿物质，如锌、镁、铁、钙、钾、铜，这些微量元素对皮肤活力很有帮助。

2. 抗氧化成分：维生素C、维生素E、原花青素、植物黄酮，辅酶Q10、谷胱甘肽、硫辛酸、白藜芦醇、姜黄提取物等，抗氧化剂种类很多，多种成分配合比单一成分的抗氧化剂效率更高。

3. 抗皱成分：在科学实验和临床中，有些成分确实能够有效抗皱，是功效性眼霜的主打成分。最有名的成分就是维生素A类，视黄醇和视黄醛，还有腺苷类、多肽类、胜肽类，这些都是比较常见的。

跟细纹说再见

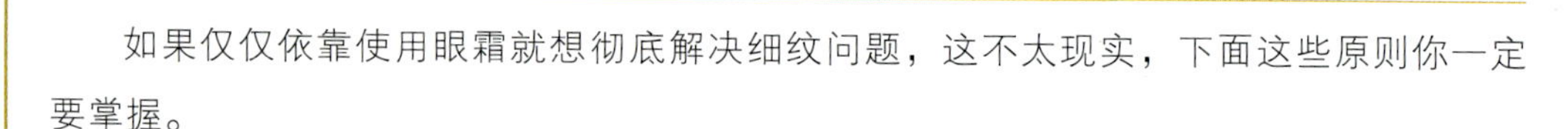

如果仅仅依靠使用眼霜就想彻底解决细纹问题，这不太现实，下面这些原则你一定要掌握。

1. 眼部要水润：眼周皮肤一旦缺水，就更容易变薄，加上皮肤真皮层胶原蛋白以及弹力纤维补充不足，导致皮肤失去了网状支撑力，进而形成了皱纹。可以使用一些补水效果比较好的眼霜。不止是补水好就行，还要能锁住水分，让眼部肌肤时刻保持润泽状态。

2. 眼部防晒：太阳光中的紫外线会使得眼部肌肤老化，从而导致眼部血管扩张，骨胶原和弹性蛋白纤维受损弱化。弱化之后的皮肤就失去了原来的活性，比较容易出现皱纹。这时我们要使用专门针对眼部的防晒类产品，对于晒后的肌肤，就要使用滋润性的眼霜，其有效成分要富含维生素 E，可以预防皮肤老化以及对抗紫外线。

3. 习惯性表情：俗话说“爱笑的女孩运气都不会太差”，可也有人说“笑多了会长皱纹”。最新发现，皱眉等小动作会加重眼部肌肤松弛，而且是内外眼角一起松弛。此外，心情不好时整个面部肌肉就会下垂，也会加重松弛，而微笑则正好相反！

4. 不必担心：使用眼霜的时候害怕牵扯皮肤，贴假睫毛的时候害怕牵扯皮肤，甚至戴隐形眼镜的时候都害怕牵扯皮肤引发松弛和皱纹，这就实在多虑了。只要你注意手法轻柔，不要动作太过粗暴，这些担心没有太多必要。

2 眼袋比眼睛还大 怎能美得起来？

如果你的眼袋存在感太强的话，就算涂了 1cm 厚的粉底再贴上 2cm 的长睫毛，也依然是遮盖不了透露出的疲倦感。

虽然卧蚕的学术名称为“肌性眼袋”，但是不同于眼袋。卧蚕位于紧邻睫毛下边缘，呈 4~7mm 的隆起，看起来像一条蚕宝宝横卧在下眼睑，多出现在年轻人群中。卧蚕是美的象征，而眼袋却是衰老的标志。区分很简单，眼袋一般呈倒三角形，每时每刻都存在；而卧蚕则是呈椭圆形，一般只有笑起来才会明显。

眼袋形成的原因

眼袋的形成有先天和后天之分，除了先天性眼袋，后天因为眼睑部位的皮肤松弛、萎缩，眼下的结缔组织发生水肿，均可造成眼袋。

一方面，眼周的胶原蛋白会随着年龄的增长日渐流失，直接导致原本很薄的眼周肌肤松弛而加重眼袋；另一方面，用眼疲劳会导致眼周循环不畅，水分和毒素被阻积在眼底也会加剧眼袋状况。

下眼袋是脂肪松弛的结果，会随着年龄而加重，下眼袋过大也会造成上眼睑皮肤松弛下垂。熬夜、喝水过多造成的水肿会加重皮肤松弛，因为皮肤在一松一紧间会更加缺失弹性。

脂肪型眼袋

多属于天生就有的，由于皮下脂肪较厚从而产生眼袋。这类型的眼袋与老化有关，眼袋形成是因为眼部周围筋膜提早老化的现象，造成眼球松弛下垂，导致眼球下的脂肪突出，给人感觉没有精神并且苍老。

解决方法：

由于造成这种眼袋问题的原因并不单纯出在肌肤上，更多是眼周皮下的脂肪和肌肉组织的老化，所以涂抹眼部保养品并没有太大效果。针对这种深层的组织老化，最好的办法就是通过医学美容手段，取出多余的脂肪，让眼部肌肉重新变得紧实，眼袋也能从根本上得到改善。较轻微的脂肪型眼袋可以通过激光美容方法改善，老化严重的眼袋则只能利用眼整形的方式割除。

浮肿型眼袋

熬夜或睡前饮用过多的水，生理期或身体循环状况较差，过量的液体积存会造成肿泡眼，睡觉时这些液体堆积在眼周皮下组织，醒来就容易变成肿泡眼。

解决方法：

改善水分循环是对抗浮肿型眼袋最有效的办法。睡前 1~2 小时减少饮水量，并加强眼部肌肤的排水按摩，以缓解眼袋。在护理方面，可以使用一些含有无水咖啡因、鱼腥草提取物等成分的眼霜，帮助改善皮下循环功能，也可以用带有滚珠或是钯头的眼部啫喱来按摩。日常饮食方面，要注意尽量清淡，避免盐分过量摄入，也可以多吃一些薏苡仁、冬瓜、雪梨等排水利湿的食物，由身体内部调理水分循环。

松弛型眼袋

这类型眼袋与老化有关，眼袋形成是因为眼部周围筋膜提早老化，造成眼球松弛下垂，导致眼球下的脂肪突出，给人感觉没有精神且苍老。以单纯皮肤松弛、皱纹增多为主要表现。

解决方法：

最直接有效的办法就是对抗老化护理，平时使用含有肌肽、视黄醇、烟酰胺等可以帮助激活胶原蛋白和弹性纤维的眼霜，每周使用抗皱眼膜进行2~3次密集护理。阳光中的紫外线也是一大诱因，要使用质地温和，专为眼周肌肤研发的眼部防晒产品，均匀地涂在眼周区域。医疗美容手段也是可以尝试的。

3 黑眼圈清除战

和“熊猫眼”说再见

熊猫用黑眼圈来讨人喜爱的手段在人身上不仅不起效，还显得人面容憔悴、衰老。“熊猫眼”是多少爱美的女性心里无法诉说的痛，解救熊猫眼，难道只能靠遮瑕？

常见的黑眼圈有血管类、色素类、老年类三种，每一种黑眼圈成因不同，就要用不同的手段来应对。

血管类黑眼圈

特征：平视镜子，你的眼头附近或者眼下凹陷处，呈浅蓝色或紫红色。这表明用眼过度或睡眠不足导致眼周血液循环不良，或是眼周肌肤过薄所引起。

中国人中，血管类是最常见的黑眼圈类型。众所周知，眼睑是人体皮肤最薄的地方之一，皮下脂肪层很薄甚至没有，因此皮下与肌肉中的血管便透出颜色来。年龄增大带来的自然老化必然伴随着皮下脂肪的进一步减少与真皮变薄，光老化也会加重后者。

血管类黑眼圈还可细分为浅蓝色的静脉型与泛紫红的毛细血管型。局部血液循环不畅时，血液中缺氧血红蛋白所占比例升高，颜色偏紫较明显，这也是熬夜后黑眼圈会加重的原因。

解决方法：

为什么美白眼霜无法解决黑眼圈？就是因为大部分人的问题在于血管而非色素。对

付血管类黑眼圈，最好放松自己好好休息，保证每天充足的睡眠时间，同时避免长时间用眼。

比较易行的是外用各种药物，比如维A醇、维生素C(增加真皮厚度、改善血液循环)，或是维生素K(减轻血液淤积)。

促进血液循环的眼霜对这类黑眼圈同样有效，使用时可适当用中指和无名指沿上眼皮到下眼皮轻轻按摩。

另有一些疗法见效更快：强脉冲光(IPL)、染料激光与剥脱性激光或针对血管或增厚皮肤；自体脂肪移植或胶原蛋白注射，可在血管上加上一层“覆盖物”，挡住血管颜色。

色素类黑眼圈

特征：如果拉伸眼周肌肤，眼圈的颜色会跟着皮肤移动，代表颜色来自皮肤里的黑色素。色素类黑眼圈可能更符合人们心目中“黑眼圈”的形象，颜色从浅褐、深褐再到黑色都有可能，既能在下眼睑出现，也可分布于上眼睑，围上整整一圈，倒真有几分像国宝熊猫。

从先天性来看，马来人或印度人中的色素类黑眼圈最为常见，呈现弯曲带状黑褐色。中国人先天性的较少，更多的是跟后天因素引发的色素沉着有关，日晒会加剧黑色素产生，还有药物、湿疹、搔抓等都会产生。色素类黑眼圈多分布于上下眼睑的褐色或灰色斑点，伴随着皮肤褶皱明显等特征。

解决方法：

要想解决色素类黑眼圈，首先要避免更多的色素沉积，眼周有湿疹等皮肤问题的，抓紧治疗。以前忽略了眼周防晒的，选择一款眼周专用的防晒霜，做到周密保护，并多使用美白眼霜，代谢淡化掉眼皮上累积的黑色素。但改善过程是漫长的，需要坚持使用。

果酸焕肤、激光治疗、强脉冲光(IPL)等医疗美容手段可以缩短治疗过程，但需要选择一位技术娴熟的医生来操作。

松弛类黑眼圈

特征：观察眼头皮肤最薄的部分，是否泛出淡淡的黑色？它随着肌肤松弛下陷而产生，眼窝底部有一小块青色阴影，像半圆形小水沟。

随着年龄的增长，眼周皮肤的肌肉都会变得松弛老化，同时脂肪量变化，引起睑板肌凸起下垂、眼袋膨出、泪沟凹陷。一来一去，在眼睛下形成阴影，也算是黑眼圈。

解决方法：

虽然可以在凹陷处使用有珠光的浅色彩妆，通过反射光线减弱阴影区的黑暗感，但这效果毕竟是暂时的，洗脸或出汗后就“原形毕露”了。

选择能增加胶原纤维弹性的紧实眼霜，预防胶原纤维的减少和弹性硬蛋白的变性。

通过微整形改善眼部皮肤松弛和眼袋问题，同样可以解决。比如脂肪移植、透明质酸注射，把凹陷的部位填充起来，避免形成阴影。激光可以促使真皮中胶原蛋白合成，减轻皮肤松弛，对一部分阴影类黑眼圈有效果。必要时，还可以选择眼睑手术。

Tips

1. 一些流行的敷眼秘方如冰汤匙、洋甘菊茶包等，只对眼部浮肿有效，对黑眼圈没有作用。土豆片、鸡蛋清之类都是没有什么科学依据的，更不可能有效了。

2. 蓝莓汁含有丰富的叶绿素，可以预防眼睛疲劳和视力衰退，对消除黑眼圈也有帮助。

3. 常见的眼部穴位按摩，除了去美容院，很少有人在家自己会用手按摩眼周穴位，不如购买一款眼部专用按摩器。

4 黯淡双唇

你确定男人会想吻上去?

“指如削葱根，口若含朱丹”是古代美女的典范，嘴唇是女人脸上一道美丽的风景线，是突显女性魅力的重要环节。有的人上了岁数看起来和蔼可亲，有的人则变得憔悴严肃，秘密就在唇部。如果唇角的细纹一旦爬出来，可就把年龄统统泄露啦！

唇部细纹

嘴唇的构造很特殊，准确地讲它不算皮肤，只能叫黏膜。它的表皮非常薄，没有汗腺和皮脂腺，不会像我们的面部皮肤那样会自行分泌油脂来自我保护。由于唇部缺少油水的滋润，加上胶原蛋白快速流失，唇部轮廓线也开始变得模糊不清。唇角细纹，嘴角松弛下垂，其实是肌底的支撑在悄悄流失，而且干燥、冷热刺激、表情过于丰富都会刺激嘴角肌肤，导致细纹和松弛。更糟糕的是，大部分的人都忽视了对唇部的保养。

解决方法：

夜间是唇部进行修复和加倍滋润的好时机，防范于未然，每天睡前你必须记得涂上足够滋润的抗皱唇霜。将维生素 E 油涂抹在嘴角，可以充分滋润和舒缓脆弱的嘴角，淡化嘴角细纹。

因为唇部容易产生细小纹路，按摩时不妨保持微笑的表情，帮助拉平唇部肌肤。然后从人中开始沿着唇部四周按摩，在容易下垂的嘴角处，迅速向上提，用中指和无名指的指腹从下唇正中心滑向左右嘴角进行按摩，反复数次，可以帮助缓解皮肤松弛。

唇色黯淡

很多人都会忽略唇部防晒，日积月累黑色素慢慢从唇底浮上来，给原本的淡粉唇色加入了一丝黯淡。而唇色会影响整个面部的气色，因此恢复婴儿般的粉唇是让你看起来更年轻的关键。

解决方法：

对付唇部黑色素的最佳成分就是维生素 C，可以将具有修复效果的护唇膏厚厚地敷在唇部，贴上保鲜膜，停留 10 分钟。每周坚持 2~3 次这样的唇部护理，不但会淡化唇色，祛除黯沉，还能够有效地去除唇纹。防晒唇膏也是不可或缺的伙伴，选择具有防晒系数的护唇霜，可以避免阳光照射造成的伤害。

此外，定期给唇部去角质也能祛除唇部黯淡。用热毛巾敷在唇上 5~10 分钟，以软化唇部皮肤，使用唇部磨砂或者去死皮产品帮助去除死皮。

唇彩或口红虽然能让唇部看起来润泽饱满，但唇彩只是遮掩作用，即使有部分唇彩含有一些滋润成分，但只是很少的辅助滋润的效果。护唇膏才是专门针对唇部皮肤组织设计的，对外界环境和自身原因导致的干燥、衰老、黯沉等问题都有很好的缓解作用。

唇部脱皮

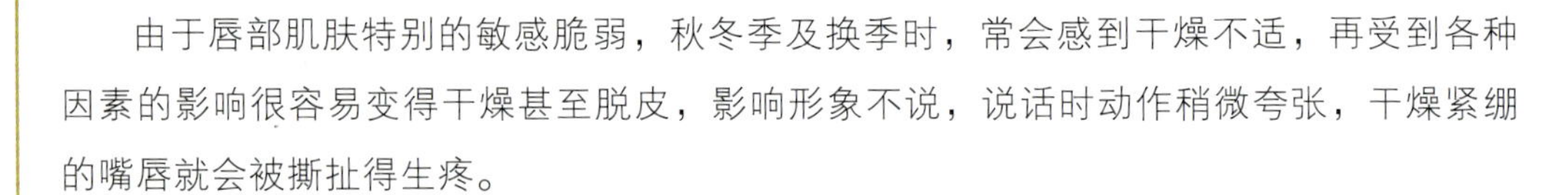

由于唇部肌肤特别的敏感脆弱，秋冬季及换季时，常会感到干燥不适，再受到各种因素的影响很容易变得干燥甚至脱皮，影响形象不说，说话时动作稍微夸张，干燥紧绷的嘴唇就会被撕扯得生疼。

解决方法：

很多人直接舔嘴唇来缓解不适，结果适得其反，让肌肤处于湿干交替的情况下，唇部干燥的情形会越发明显。

其实你只需要购入一支啫喱状唇膏或唇部修护精华，在唇部涂上厚厚一层，停留 15 分钟，就像给双唇做一次补水面膜。如果用热毛巾轻敷嘴唇效果会更好，之后将多余唇膏擦去，用棉签小心抹去唇部死皮即可。情况严重者平日可选择无香料的护唇膏，每 3 小时左右涂抹一次。

5 唇角永远微微上扬

只靠笑容还不够！

中国有句俗话叫“老掉牙”，用来形容人的年纪大。牙齿的衰老比蛀牙更可怕，一排美丽、健康、洁白的牙齿，所带来的不仅仅是健康上的保证，更在提升个人形象上加分不少。因为有了一口好牙齿，才能够开怀大笑哦！

牙齿口腔问题

在人们普遍关注皮肤等身体机能的老化时，大多数人其实并未意识到口腔也会逐步发生变化，如根管变细、牙龈萎缩、牙槽骨退缩、牙齿松动等迹象，而且多数人对待牙齿的态度是不疼不查，不掉不看。但牙齿如果长期处于“亚健康”状态，同样会对我们的身体造成危害。

牙齿酸痛：说明你的牙齿有牙神经暴露了，也许是不易觉察的龋齿小洞，长期磨耗和牙周病引起的牙龈萎缩。

咀嚼无力：常常是由于牙根暴露或牙齿周围组织的病变，牙冠与牙根比例失调，牙齿受力方向改变而造成的。

牙龈红肿、出血：并不都是“上火”导致的，也可能是你已经患上牙周病。牙龈炎是牙周病的一种类型，病变比较轻。牙龈炎初期没有明显的痛楚，因此容易被忽视，但若置之不理，会继续侵犯深部牙周组织，发展为牙周炎。

牙齿松动：现在不少年轻人也会发现有牙齿松动的症状，这是牙周组织出现病损的

征兆。如残牙不及时治疗很容易祸及牙根。

牙菌斑：长期得不到清除治疗，对牙釉质伤害非常大，最终形成龋齿。

正确护理牙齿口腔

定期养护牙齿和口腔检查，能防范上述症状的发生，把小问题扼杀在萌芽状态。

1. 漱口水

牙齿的抗衰老，实际上和整个口腔环境有关，就像肌肤的衰老和空气环境有关。口腔内的细菌是产生各类口腔疾病的主要原因，随着岁月流逝，身体机能的下降，口腔内细菌的累积会加速这些变化，导致各种口腔疾病的产生。牙齿只占口腔面积的 25%，刷牙后还有细菌残留在口腔中，而漱口水能够接触到牙刷无法达到的“盲区”。平时除了做漱口动作外，还要将漱口水在口中停留半分钟，然后再吐出。注意，很多人觉得漱口水残留在口中，必须要将其用清水漱干净。实际上，漱口水留在口中，能帮助杀死细菌，保持口腔清洁，不必再用清水。

2. 牙线

牙线的出现，堪称洁齿方式的一次新革命。饭后使用牙线对牙齿进行自我清理，解除牙科疾病的困扰，保持牙周健康。牙线能达到牙刷无法到达的地方，牙齿有 5 个面，牙缝中的 2 个面则要依靠牙线，才能够清除其中的软垢、残渣和牙菌斑。很多人担心牙线会把牙齿弄松、牙缝弄大。实际上，牙线的切面不是圆形的，而是扁的，而且都经过特殊处理，只要你采用缓和的拉锯样的动作，使用方法得当，完全不用担心牙线会对牙齿造成伤害。

3. 观察舌苔

正常人的舌苔颜色应是粉红色的，如果舌苔颜色发白，可能是寒症、虚症的表现；如果舌苔颜色发黄发黑，并呈现出油腻感，可能是身体有炎症的表现。舌苔是舌黏膜正常代谢过程中形成的，舌苔牙刷要慎用，因为经常刮舌苔，容易刺激味蕾、损伤舌乳头，甚至导致舌背部麻木、味觉减退、食欲下降等不良后果。用刷舌苔的方式去除口腔异味也是一种治标不治本的方法，毕竟口腔异味是由多种原因造成的。

参加派对聚会之前，爱美的女性除了在穿衣搭配上下功夫，在妆容上也要追求精益求精，不仅要画好最关键的眼妆，还要选择一款色彩饱和度高的唇部彩妆品，帮助提升气场，增加魅力。但这样就能稳妥地拿下“派对女王”的头衔了吗？其实在派对的过程中，最容易脱落的莫过于助你提升气场的唇妆。当你和他人交流或独自享受美食的过程中，精心涂抹的口红或者唇釉早就不知何时被自己吞到肚子中去了，斑驳的唇部看起来真的很尴尬，所以这时一支持久不脱妆的唇部彩妆品可以帮到你！

如果它既能拥有完美的色泽，还能够拥有持久不脱妆的能力，喝水时也不会沾到杯子上，而且还可以轻易卸除，那就太完美了！

这款由伊然老师亲自参与研发的 Miss Rudolf 美魔女心机唇釉就可以做到！七款色号满足不同人的肤色和喜好，一抹即具有漆光般的饱满色彩，让你拥有惊艳唇色。它含有牛油果、橄榄叶、玫瑰花油和蜂蜜等多种天然成分，可以给唇部肌肤带来润唇膏般的滋润效果，滋养唇部肌肤，摆脱干燥。再加上能够持久不脱妆的完美妆效，轻松助你成为全场焦点！

PART·6

善待头发与身体，重返年轻态

Hair & Body Care

头发也会出现衰老问题，各种外在压力、周边环境的污染、长期受日光照射、频繁造型等都会造成头皮老化，发芯密度变得稀疏，头发会看起来毫无生机。头发出现干枯、分叉、脱发等问题都是头发开始衰老的表现。

身体肌肤的衰老不易察觉，当你意识到时往往无法补救，所以在面部保养的同时也要对身体进行保养。

1 脱发

守护“头”等大事

清早起床，你有没有发现自己的枕边出现了发丝若干？有时摸一下头发，就能有若干根头发脱落？

脱发自检

人体每天都会有老化的头发掉落，新的头发长出来。一个正常人每天会掉 50~100 根头发，如果掉发量超过这个标准数，就要引起重视了。

将 2~5 根手指插入头发，夹住头发轻轻一拉。只有 3 根以下头发脱落，属于正常；每次超过 3 根，则可能存在脱发问题。

如果你发现掉落的头发根部有微小油脂粒，这是由于油脂堵塞毛孔造成，专业洗发产品能将硬化皮脂溶解，消除毛囊堵塞，防止因其窒息而导致头发过早脱落；如果掉落的头发根部几乎都带有白色发囊，那么你真的应该开始重视脱发问题了！

精神性脱发

自古头发就有“烦恼丝”的别称，许多头发的疾病跟烦恼也有关，俗称“鬼剃头”的斑秃也常见于青年人中，它和焦虑紧张等精神因素有关。

当一个人在精神压力的作用下，人体立毛肌收缩，头发直立，头皮组织肌肉层收缩引起充血，血流量不畅，并使为毛囊输送养分的毛细血管收缩，造成局部血液循环障碍，由此造成头发生态改变。加上极度紧张、忧愁等消极情绪往往会引起体内一系列急剧变化，造成内分泌严重失调，使人在很短时间内局部头皮出现脱发症状。精神压力还可能引起出汗过多和皮脂腺分泌过多，产生头垢，降低头发生存的环境质量，从而导致脱发。精神性脱发会导致头皮生长周期受到影响，很多处于生长期的头发加速进入到休止期。原本占据发量 15% 左右的休止期头发会因此增加到 25%~50%。

解决方法：

中医会采取传统的针灸方法，西医通常会将药物直接作用于患处，这些方法大都只是治标不治本。放松心情才是治疗精神性脱发的根本原理。一般来说精神性脱发是暂时性脱发，经过改善精神状况，减轻精神压力，一般都可自愈。可经常去户外放松心情，提高睡眠质量，加强体育锻炼。

炎症性脱发

如果头发短时间内出现了大规模的不正常脱落，并且平日里没有遭受精神压力时，这样的突变很可能是脱发性毛囊炎的症状。脱发性毛囊炎是由于金黄色葡萄球菌的入侵，毛囊受到感染，头发因为皮肤环境的变化短时间内出现的大量脱发。脱发性毛囊炎最初在头皮处可见有小的圆形或椭圆形的瘢痕性斑片，毛囊周围有脓疱，头发脱落后，脓疱继以红斑，最后红斑消失留有瘢痕。

解决方法：

预防很重要，尽量让头皮时刻保持清爽状态，减少感染细菌的风险。最好选用带有消炎功能的洗护产品，同时注意去屑功能，选择含有霍霍巴籽油、葵花籽油的产品。

真菌感染同样会引起脱发，注意贴身用品如毛巾、衣帽等要单人单用，以杜绝可能造成的感染风险。头皮出现瘙痒时千万不要用手直接抓挠，这样容易造成皮肤破损，引发更大的感染，要及时寻医就诊。

营养不良性脱发

许多人脱发只知道检查毛囊，不知道还要检查毛发根和微量元素。头发中含有锌、汞、钴、铅、铬、铁、硒、金、银等微量元素，其中部分元素的含量远远超过它们在血液中的浓度。有 4 种微量元素的缺乏会让你大大提升营养不良性脱发的风险！铁：贫血多由缺铁引起，缺铁往往会影响角蛋白的产生，由此造成头发毛躁脆弱，韧度不够。锌：缺锌关乎人体的吸收功能，会导致进入到人体的营养不能被更好地吸收，从而影响到发质和发量。硒：作为抗氧化酶的硒一旦在身体中含量减少，心脏和肌肉都会因此受到影响。表现在头发上则是发丝色素减退，发量有所减少。蛋白质：人体缺乏蛋白质不仅会造成脱发，还会导致头发毛躁、颜色减淡等问题。

解决方法：

针对营养缺乏的头发使用营养修护型洗发水，洗完头发之后一定要涂抹护发素，让头发重现光泽，并有效减少断发的发生。定期到专业的机构进行头皮及头发护理也有助于头发的健康重建。

平时多摄入新鲜蔬菜、水果及富含维生素 B 的食物，多吃杂粮，少吃肥甘厚味及辛辣刺激性食品。为了针对性补充所缺的微量元素，可以到医院进行检测，根据身体内的缺乏元素进行补充，令治疗效果更佳精准。

脂溢性脱发

表现为头皮上有较厚的油性分泌，头发光亮，稀疏纤细；或者头发干燥，头屑多，无光泽，稀疏纤细。

过度清洁是一个普遍存在的原因，要知道我们的头皮有自己的健康生态，如果频繁洗头来解决头发油腻的问题往往会适得其反。表面上看起来头皮暂时清爽干净，但是头皮会接收到油脂不足的信号，导致头皮油脂分泌失衡，可能会分泌更多油脂。不当的洗护发频率，有可能加重脂溢性脱发。

现代人之所以脂溢性脱发如此常见，和经常熬夜、压力大也有很大的关系，不可忽视。

解决方法：

油脂分泌旺盛确实是对头发健康不利的一件事，因为油脂会堵塞毛孔，也会带入一些细菌。现在很多专业的、有针对性的洗发护发产品可以有效清除油脂，生活中一些良好的习惯也能够减少自身的油脂分泌。饮食清淡，多吃一些富含蛋白质、维生素B2、维生素E类的食物，可以调节人体油脂分泌，也有利于健康。每天保证8小时睡眠、舒缓精神压力，可以减缓脂溢性脱发发生的时间。

防脱发 Tips

防脱精华使用方法：根据季节转换，建议春秋季节使用密集性疗程，如精华类产品。在秋冬季节采取巩固疗程，如坚持使用防脱发洗发水等。

均衡营养：猪肝、海鱼、瘦肉、黑芝麻、核桃等含有丰富的维生素B6，对脱发起到辅助的缓解作用。

头皮按摩：睡觉前，用双手十指的指腹按压轻揉头皮，按摩后感觉头皮微微发热即可。把家里的尼龙头刷都换成黄杨木梳或者猪鬃头刷。

充足睡眠：将睡觉时间调整到晚上11点之前，让身体能够更好地休息，保证血液循环畅通，营养运行良好。

2 滋养

是时候唤醒发丝魅力了！

垂坠有弹性的青丝彰显着年轻活力，相反，如果年纪轻轻就顶着一头干燥蓬乱的头发很容易增加年龄感，看起来也会非常萎靡、没有活力。看到美发广告里那些模特的顺滑长发是不是很羡慕？虽然在日常生活中并不能够达到那样的极致，可是任由头发开叉、蓬乱，也实在太过分了。最关键的就是养护好发梢，当发梢垂坠、没有分叉，整个发丝看起来就会非常健康。

头发分叉

所谓“分叉”，是指一根头发的末端一分为二，甚至分成几条细丝状。日晒、污染、风吹、空调等因素加上频繁烫发染发和吹热风筒，甚至是洗澡或游泳时接触到的水中的氯，都会损伤头发。种种因素导致毛鳞片受损，让发梢脆弱不堪、分叉严重。

解决方法：

最有效强化毛鳞片的途径是使用集中护发精华为发芯输入高强度的营养，让头发从里到外强韧。每周最好做一次居家强化护理，能更快速高效地将强化成分渗入发芯，从根本上重建发丝结构。

一般来说，发梢已经出现分叉是不能修复的，最好的方法就是直接修剪掉，建议修剪发梢整齐的发型，会让整个人看起来更有活力。如果发梢受损太严重，出门前可以涂抹能修复发丝的免洗护发素，既能增加发梢的垂坠质感，也能给发梢补充水分、抵御外界伤害。

头发毛躁

还有比头发毛躁更让人心烦的吗？每天像顶着一头草快要哭了！如果发梢的纹理不够整齐、毛躁蓬乱的话，说明发梢的毛鳞片没有很好地闭合，导致发丝内的营养流失。

解决方法：

头皮毛躁会加速头皮衰老与疲劳感，使用免洗且可以直接用在头皮上的按摩产品来加强护理。例如一些头皮按摩摩丝，作用在头皮上，既减压又滋养了干燥头皮。使用能深入发芯的护发精华修补受损，可以直接去美发沙龙购买强效精华素，集中修复一段时间；也可以直接在美发沙龙做护理，涂抹上精华后用蒸发器加热 15~20 分钟，让营养成分充分渗入发丝内，修复一个疗程就能看到明显的效果，发梢的质感能大大提升。

吹风机能让洗后的头发达到快干的效果，于是很多人选择吹风机的时候以大功率和大风力的产品为主，但这会让头发越吹越粗糙，甚至出现头皮敏感和脱发的症状。

吹风造型前，使用含有橄榄油、摩洛哥坚果油、植物性角鲨烷等滋养成分与隔热修护科技的护发精华，在秀发表面形成隔热屏障，隔绝多余热能侵害，避免吹风、电卷等伤害的同时，还能利用热能润泽发丝，告别发丝干枯并抚平毛躁。

3 头屑、出油勤处理

头发也要深呼吸

发丝不是头屑过多，就是头皮出油感觉闷黏，看上去发质黯淡又软软塌塌，平日里那些有型有款的飘逸发型离你远去。从根源入手见招拆招，才能还你健康秀发。

头屑

头屑是头皮上正常衰老死去的皮肤角质小碎片，它和头皮分泌的皮脂及空气中的尘埃一起，形成头皮屑。生理性新陈代谢较快，导致头皮屑产生及增多。还有就是真菌感染，感染最常见的微生物是椭圆形皮糠秕孢子菌，它喜欢生长在皮脂分泌多的部位，如头皮，这样就会在头皮上形成一块一块发白、发灰的斑块，上面有层层相叠的片状麟屑。

解决方法：

干燥缺水的头皮最容易产生头屑，缺水造成角质层脱落死皮细胞从而形成皮屑，选择平衡类的洗发产品，帮助头皮舒缓和补水。干性发质的头屑多是由于头皮过于干燥，所以选择滋润型的去屑洗发水会更好。油性发质则选用清爽去屑型洗发水，或者不含护发素的洗发水。头屑多与头皮呈酸性有关，可以尝试碱性洗发水。

压力造成的头屑原因有两点，一是内分泌紊乱，二是由于长时间地熬夜，紧张的神经导致外在头皮的油脂大量分泌，导致角质层堆积过厚、毛囊堵塞，轻度引起油脂性皮屑，严重则会造成头发的脱落。选择含有水杨酸的洗发水来帮助头皮角质的清洁，水杨酸可以智能地剥离多余坏死的角质和油脂，让毛囊自由呼吸。

真菌造成的皮屑大多和油脂有关，没有彻底地清洁导致细菌滋生破坏了头皮环境，产生了皮屑。解决的办法是选择一款针对真菌的洗发水，植物精油成分的洗发水也有一定帮助。可在清晨起床时用温水洗头，晚上则用深层清洁洗发水再洗一次。

出油

油脂是头发最危险的杀手，吸附在头皮及发梢的油脂，不仅会藏污纳垢造成异味尴尬，还可能导致细菌滋生从而引起脱发困扰。身体和心理压力过大，头部皮肤的血液循环会恶化，代谢就会紊乱，无法给发根供给营养，从而影响皮脂分泌，导致头皮肌肤敏感，头发生长受阻，头屑增多并出现严重油腻问题。

解决方法：

爱出油的头皮，应选择调节头皮出油的洗发水或是选择透明质地的洗发水，相较于乳液质地的洗发水，油脂成分会少很多。不少洗发水含有天然柠檬配方或茶树配方，这些物质能很好地清除污垢，抑制油脂分泌，或者选用对头发和头皮无刺激的中性或弱酸性洗发剂。护发乳在距离头皮 5 厘米处开始涂抹，除非注明是油性头皮适用的护发乳，否则不要让它接触到头皮。吹头发时记得先将头皮吹干，防止外干内湿，把头皮闷住。

沐浴花洒 + 按摩：大花洒是改善油性头皮的最好帮手，因为其中喷出的水落在头皮上是圆润的，不会伤害到头皮，并且更加容易和洗护产品配合，清洁效果更好。同时，在洗发的过程中，还需要用指腹的力量以画圈的方式揉搓头皮，让产品中的精华成分更加充分地渗透到头皮的毛囊中去，去油的同时保持头皮的完整性，也可以让发丝更加挺立，便于之后的造型需求。

正确洗发步骤：洗头时，洗发泡沫要在头皮和头发上至少停留 30 秒，令洗发水中的清洁因子发挥作用，全面去除头皮毛囊中积聚的油脂、灰尘以及头屑等垃圾。彻底清洁之后，清水冲洗头发的时间要保证在 40 秒以上，使得泡沫不会残留在头皮上，造成不必要的刺激。

4 破解身体魔“皱”

重现年轻光泽肌

明明没有长胖，但是却明显感到身体上的肉捏上去毫无肉感，身体肌肤抓捏起来后回复的时间也越来越慢。当你意识到面部肌肤开始老化的同时，也不要忘了身体的肌肤也同样开始面临老化。

肤色不均

理想的身体肤色应该和面部肤色一样，不仅透亮而且均匀，没有瑕疵，质地细致而富有光泽感。但经过长时间的紫外线照射，以及年龄增长，细胞基础代谢减缓，老废角质不能顺利地被代谢，影响了肌肤正常的呼吸，肤色便会显得黯淡，无光泽，而且摸起来很粗糙。

解决方法：

紫外线不仅是促使面部皮肤衰老的罪魁祸首，也同样是造成身体肌肤变黑老化的元凶，特别是在露肤度较高的春夏季节，我们的防晒工作应从下颌延伸至胸部、肩部及四肢，质地较为清爽的身体防晒乳更合适。普通工作日里，选择 SPF20 左右的防晒指数就够了，外出或旅行时则选择 SPF30、PA++ 的产品才能满足你的防晒需求。

身体角质层过厚就会影响肌肤的光泽度，也会令肤色看起来黯沉不均。每周使用去角质浴盐，借助海绵帮助身体温和地清除老废角质，肌肤呼吸顺畅了，肤色就会好转。膝盖部位是最易显老的部位，沐浴后，使用橄榄油加海盐或砂糖调和后，按摩粗硬发黑的膝盖，就能起到去死皮和美白的功效，之后再涂抹美白润肤露，坚持一个星期左右，膝盖就能回复白皙柔嫩了。

松弛老化

35 岁以后，我们的外貌会猛然衰老一大截，其实衰老一直在积累。从 25 岁以后，我们的皮肤中维持皮肤弹性及深层保湿的胶原蛋白合成速度开始变得缓慢，真皮层中蛋白的活性也逐渐降低。紫外线的辐射以及诸多环境污染等问题，更加令皮肤本来所具有的健康锁水功能日渐衰弱，伤害身体肌肤深层的胶原细胞和弹力纤维，下垂和松弛就明显了。理想的身体肌肤的肌肉和脂肪比例应处于正常状态，手臂、大腿及腰侧肌肤都十分紧实，没有松垮感。

解决方法：

每天浴后在腹部、腰侧和四肢部位，涂抹具有提升紧致功效的瘦身产品，辅助紧实肌肤。

肌肤的自我修复功能是非常强大的，需要的只是尊重肌肤的新陈代谢，并补充好原动力，让它有足够的能量自己养回来。早睡早起的美容觉不可或缺，富含胶原蛋白的牛蹄筋、鱼皮、猪皮等是好的营养源，因为松弛就是胶原蛋白的流失造成的。

干燥

身体肌肤细胞必须含有足够的水分，才能维持全身细胞的正常作业，通常表皮深层和真皮层含有 70% 的水分，角质层含有 13% 的水分，这是肌肤最理想的水分滋润程度。通常，失去水分的肌肤松弛和下垂的问题就很明显，如果长期失水，肌肤养分不能在水环境中被输送，也就容易衰老。

解决方法：

我们身体内 70% 是水分，多喝水能保证体内的水分，同时有助于排毒。一般来说，成年人每天水分摄入量在 2500 毫升左右，从食物和体内氧化代谢获得的水分分别占到 1000 毫升和 300 毫升，但大量摄入水分时，绝大多数被排出体外，仅有少数能被皮肤所吸收和利用。正常量的水分补充是必须的，但单纯多喝水，并不能从根本上解决皮肤干燥的问题。我们应该选用含天然滋润成分、具有抗老化精华的润体产品，帮助抵抗身体肌肤干燥和老化。

光补水是不够的，还需要足够的油脂锁住水分，同时油脂更能滋润那些已经产生的纹路，缓解皮肤表面不光滑的现象。补水和补油同样是身体皮肤所需要的，皮肤角质层具有吸水、屏障功能，在角质层表面有一层天然皮脂膜，它才是决定肌肤润泽的基础。

5 别犹豫了
对可恶的橘皮组织宣战吧！

橘皮组织是由肿胀的脂肪团及松弛的皮肤组织所形成的，90% 以上的女性都会出现橘皮组织，无论什么体形。

你有没有橘皮组织

站直后，用拇指和食指轻轻夹捏大腿内侧或外侧，看见表皮肌肤出现凹凸不平的情况，就要注意了，这是初级的橘皮组织。

如果身体轻微转动，看见大腿或臀部肌肤表面出现凹凸状，说明你已经有中级的橘皮组织了。

如果不需要转身夹捏，就能明显看见肌肤表面的凹凸状，说明橘皮组织已经跟随你很久了。

橘皮组织一旦形成，即使你已经变瘦，它也不会消失了。橘皮组织会妨碍淋巴和血液循环，导致身体浮肿和肌肤黯沉。

橘皮组织的产生一部分是由基因决定的，一部分是由于不良的饮食习惯，新陈代谢迟缓，体液积聚或缺乏锻炼所致。大腿是最容易出现橘皮组织的部位，随着年龄的增长，在腹部和臀部也会出现，因此，橘皮组织就是脂肪的一种，尤其容易出现在皮下脂肪较多的部位。

消灭方法

如果仅仅通过控制饮食和运动，对于消除已经变得凹凸不平的皮肤并不是很有效。有效的方法是通过按摩进行刺激，按压穴位可以使血液和淋巴循环变得更加顺畅，放松肌肉的同时可以令橘皮组织以代谢物的形式更快地排出体外。

泡过澡之后，身体变得温暖的情况下按摩最有效。而在将脂肪细胞破坏并排除的过程中，使用恰当的工具更有效，建议搭配适合的按摩产品。

使用拇指的指腹部位进行按压，力度以稍稍感觉一些疼痛为宜，需要仔细进行按摩。揉捏可以给橘皮组织最直接的刺激，将想要按摩部位的脂肪紧紧捏住，使用拇指和其他四指施加压力进行揉捏。

按摩排毒：在较硬的肌肉部位，需要针对淋巴进行按摩。沿着肌肉生长的方向，由始点向终点用力按压，尽可能地刺激橘皮组织。将手握拳，用手指第二关节至指跟的部位按压肌肉，促进代谢物的排出。

目前只有局部使用维生素 A 乳霜、适度按摩、外科抽脂或积极减重等治疗方式是有医学证据支持的。

6 不做“涩女郎”

我要Q弹滑嫩的肌肤

女性体内含有比男性更多的水分，无论容颜还是身体需要，水的滋润都是女性健康的源泉。谁愿意变成“涩女郎”，身体干涩粗糙呢？保养出奶油滑嫩肌，就要注意身体各个部位的细节，做到Q弹滑嫩！

双手与美甲

都说手是女人的第二张脸，双手是暴露于外界环境次数最多的部位之一。手背的肌肤厚度较薄，不能分泌足够的油脂来保护皮肤，所以手部肌肤比面部更容易衰老。手部皮肤虽然很薄，但角质层却很发达，很容易生成老茧。“鼠标手”、“主妇手”，要是你不爱听这些冷嘲热讽，就赶紧把手部保养乖乖列上日程。

指甲凹凸不平、倒刺横生也是一大问题，无论是指甲还是指甲边缘的肌肤，如果缺乏足够的营养，就会变得黯淡而粗糙。指甲的新陈代谢也会随着年龄的增长变缓，指甲表面的光泽渐渐就会失去，再加上频繁地涂抹指甲油、美甲贴片等，使得指甲的表面越来越薄，于是你就会陷入不得不涂抹甲油来掩盖黯淡甲色的恶性循环，指甲受损也就越来越严重。

解决方法：

勤快护手是预防手部粗糙老化的重要手段，清洁手部以后应当立即擦一些护手霜来补充手部皮肤需要的养分。护手霜也有不同的功效类型，根据其不同成分可分为防护型、保湿型、修复型及除角质等类型，根据个人需求选用。

在手部涂抹日常防晒霜，可以大大减少阳光对手部的伤害，避免出现皱纹和老年斑，这也是手部抗衰老的好方法。

除了手部肌肤，整个指甲边缘的肌肤也要好好护理，否则干燥开裂会让整个手指看起来粗糙不堪。可以选择一款含油分较多的护手霜，每天晚上先用50℃左右的热水充分浸泡双手，也可以在水中加入2~3滴白醋或者柠檬汁，能充分软化手指尖的粗硬角质，趁着手部还有热水的余温，将手霜在手部充分搓匀，重点揉搓按摩整个手指尖，加强滋润效果，一夜过后手指的角质会彻底被软化和滋润。

如果你的指甲已经受损，建议一周去美甲中心做一次指甲护理；也可以购买专业的营养油，每天早晚涂抹在指甲表面，并且停止涂抹有刺激性的指甲油。

爱足有道

经历了高跟鞋的摩擦摧残以及裸露暴晒后，女性的双脚很容易在脚后跟、脚掌外侧产生老厚的角质，这些堆积的角质往往变得粗厚甚至干裂，非常不雅。这个平时并不起眼的细节如果不注重保养，不经意间的脚部裸露就会给你的整体年轻度大打折扣。

解决方法：

定期使用磨砂产品按摩，重点在脚后跟和脚掌前侧，通过按摩去除死皮和老废角质。我们可以选择磨砂颗粒细腻均匀的足部去角质产品，先用热水把脚跟的粗厚角质充分泡软，然后用轻柔的力度把多余的角质轻轻搓去。刚刚搓去厚重角质的脚后跟非常柔嫩脆弱，可以涂抹橄榄油或者其他纯植物油来滋养保护。

足部肌肤本身就很容易干燥，只不过平时匿藏在鞋子中很难被发现和重视。足部肌肤特别是足面以及脚踝部位缺乏必要的汗腺和皮脂腺，天然滋润力匮乏。如果你的脚跟因为过分干燥而开裂，在护理时最好选择含有矿物油、矿脂类封闭性高油脂的护足霜，均匀涂抹在开裂的部位，这样才能让足部肌肤得到充分的滋润。甜杏仁油能充分滋润干燥的角质层，薰衣草精油能加速修复开裂伤口，可以每晚在10毫升甜杏仁油中加入2~3滴薰衣草精油，一般来说，坚持涂抹一个星期就能让开裂处愈合。

纤纤玉颈

紧致、光滑的纤纤玉颈能让整个人看起来挺拔、有活力，如果颈部肌肤粗糙、黯淡、细纹丛生，很容易造成脖颈出现“年轮”，和面部拉开很大的肌龄差。

那么，哪怕你的面部肌肤再白净光滑也会大打折扣，所以颈部保养必须重视起来！

颈部肌肤由于水分减少，细胞塌陷造成表皮细胞衰老；由于年龄的原因，颈部肌肤胶原蛋白流失，结缔组织萎缩，形成肌肤的纹路。除了与年龄有关，也因为无数次抬头低头的动作，长期伏案工作，让颈纹加深，一旦颈纹形成便很难消除。肥胖者由于脂肪松弛积压，比正常人更容易出现颈纹和颈部松弛。

解决方法：

颈部肌肤只有面部肌肤的二分之一，所以储水能力、弹性纤维都会相应减少，如果不注重颈部肌肤的保养，很容易因为缺水而变得粗糙黯沉、纹路增多。25 岁开始就要开始使用专业颈霜，用双手交替轻握颈部由上而下涂抹，更能促进颈部循环、抚平颈部细纹。无论天气阴晴，出门在外做好颈部防晒护肤，避免紫外线对肌肤造成伤害。

颈部是全身上下运动强度和幅度最少的部位，这是颈部肌肤更容易变得松弛、臃肿的关键原因。可以选择一款具有复弹效果的颈霜，增加细胞组织弹性。不难发现，常练瑜伽的人颈部肌肤格外光滑无纹、紧致纤长，那是因为瑜伽体式非常重视颈部这个身体的连接部位，通过抻拉、扭转的动作来让颈部变得灵活，以保证整个身体的顺畅传导与循环。

通常来说，脸部的保养品可以使用于颈部，但是相比面部，颈部的皮肤毛孔细小，护肤品不容易完全吸收。还是建议选择专业的颈霜产品，颈霜的含油脂量以及成分浓度都比一般的面部产品高，分子量也更为细小，比较容易被颈部肌肤所吸收，更能针对颈部细纹等问题发挥最好的功效。

白皙美背

大部分时间我们看不到自己的后背，但如果你穿露背礼服或是穿比基尼泳衣，后背的肤质和线条非常关键。哪怕你身材再好，当你转身时露出粗糙晦暗、线条松弛的后背，一定会大大降低别人对你的好感。那怎样护理才能拥有白皙美背呢?

解决方法：

后背肌肤上分布着许多皮脂腺，油脂分泌程度不亚于脸部肌肤，一天下来衣服与后背肌肤接触磨擦，很容易造成皮脂腺分泌过盛，这也是后背为何容易冒痘的原因。使用一款具有深层清洁及控油功效的沐浴乳，如含有薰衣草、茶树油、柑橘精华、柠檬萃取物等，都可以帮助背部肌肤清洁、控油、美白。后背的角质堆积也是必然的，使用一款能改善黯沉的去角质产品，在背部画圈揉擦即可。

当背部肌肤因为长期的干燥、过敏而积累了过多的老废角质，一般来说，直接使用去角质产品效果并不会太好，应该先用软毛刷以打圈按摩的方式按摩整个背部，充分唤醒肌肤的机能，打通吸收与排泄的管道，然后再进行去角质等深层清洁步骤。如果清洁背部时自己的手够不到，可以借助专用的背部长刷，先从背部下侧向肩膀方向上下刷洗，再从肩侧向背部脊椎方向螺旋刷洗。沐浴露最好选择弱酸性的，这样可以保持背部皮肤酸碱平衡，防止瘙痒。

很多人的背部脂肪并不厚重，但却松松垮垮的没有线条感，这是因为背部肌肤的紧致度不够或是水分代谢不畅。适当做些仰卧起坐、俯卧撑或者伸展四肢、腰部和腹部的运动和按摩，帮助拉伸身体肌肉，紧致肌肤。

另外，含胸、驼背、脊柱侧弯等不良姿态会导致背部肥胖、不美观。坐在椅子上让后背深陷其中，不如挺直腰板。时刻注意平时坐、站、行的姿态，使整个身体感觉随时都在向上无限延伸，就能够减少背部臃肿的脂肪。

胸部护理

“人老胸先垂”，胸部护理看起来是中年女性才需要关注的事。可事实上，胸部的下垂是从 23 岁开始的。乳房是女性最脆弱的部位之一，在这个不可逆的衰老进程中，你还敢说自己够年轻吗?

解决方法：

过小的胸罩会影响胸部的发育，而长期穿戴过大的胸罩又可能导致胸部下垂。随着年龄的变化以及婚前婚后或孕育前后，女性的乳房大小会发生变化，这时选购胸罩就要调整尺码，选择合身的胸罩。穿过紧的内衣超过 18 小时，会影响腋下淋巴结的排毒功能，对健康不利。

含胸对乳房的损害最大，因为它压迫了胸部组织的生长，侵占了它的生存空间，容易导致乳房下垂。任何时刻都要保持端正的坐姿与站姿，一定要挺胸抬头。

胸部和脸部一样会遭受内外环境的侵害，所以也需要使用高度保湿并具有抗氧化成分的产品。在夜间涂抹晚霜时，记得慷慨地延伸到胸部皮肤，在涂抹晚霜之前加涂一层紧肤精华产品效果更好。如果胸部皮肤暴露在外，则每次都必须涂抹防晒霜。

好的健胸霜能帮助加强乳房肌肤支撑力，防止乳房下垂，还有助于刺激肌肤内胶原蛋白再生，使肤质更强健，看起来更紧实、光滑柔嫩。

PART·7

医美除皱，换种方式来变美

Medical Beauty

医学美容如今已经被越来越多的女性所接受，尤其是年长女性可以选择更深入的抗老化回春疗程来保持肌肤和外貌的年轻态。“看上去年轻5岁”成为医学美容的核心目标，即时见效的微整形让你不露痕迹地拥有年轻的外貌状态。医美的作用机制已经从以前针对肌肤外部形态的填补磨平，越来越偏向于深入肌肤细胞的合成和更新，由内而外地刺激肌肤本身的新陈代谢活力，效果也能维持得更久。安全、舒适、人人皆可享用的微整形时代已经来临。

1 岁月“橡皮擦”

擦去岁月痕迹

“打上一针皱纹全消，年轻十岁不是梦”，虽然听起来有些夸张，但这确实是医美的优势所在，比起长期通过护肤品来坚持抗老化，医美似乎见效更快。只需要用微量的生物制剂在面部皮下注射，短时间内精确消除面部密集细小皱纹，如前额、眉间、眼周、颊部、口角、颈部等，使皱纹逐渐变浅直至消退，皮肤变得平整、光亮、有弹性。而且这种治疗基本无痛苦、无不良反应，不需要恢复期，立刻可以上班。

如今整容行业新名词新概念五花八门，但这些不是化学名而是商品名，商品名千奇百怪，弄得专业医生也云里雾里。这些新概念一般都是来自于一些美容院，他们不时“发明”一些新名词用来打广告，以时尚之名来吸引眼球。我们对此要认清，识别这些名词是不是换装不换药，以免被骗。

注射美容除皱效果虽然好，但不是所有的人都适用。注射美容除皱安全性高，并不意味能马虎对待，应该去正规的整形美容医院注射。

埋线

面部埋线技术对于提拉松弛的肌肤，改善脸形，消除过早老化问题是十分有效的。但对于皮肤松弛较明显的人来讲效果欠佳。

面部埋线去皱不再片面强调消除皱纹，而是强调面部整体提升，关键在于提升鼻唇沟和腮颊部筋膜组织，鼻唇沟消除了，面下部皮肤上提、绷紧则达到大脸变小脸、方脸变成瓜子脸的效果了，而且对于下垂的眼角和眼袋也有着非常好的效果。

埋线不需要用刀，主要是通过解剖位置复位，提升紧致肌肤，用针将可吸收的蛋白线等埋到皮肤底层，再把下垂的肌肤通过提拉复位回去，改善皮肤下垂情况。

采用多种线材个性化科学搭配的方案，针对不同的部位，皮肤的不同厚度、不同状态，不同情况，分别植入皮肤的深、中、浅三个层次。结合不同的埋线手法有效提升面部深层组织的松弛、下垂问题，刺激皮肤自身胶原蛋白新生，改善各部位衰老状态。

面部埋线的人群年龄一般在30~45岁之间，皮肤有一定松弛的人群。埋线面部提升效果一般可维持2~3年左右，在日常生活中注意面部的保养，可以让效果维持的时间更长。

玻尿酸——静态皱纹

静态纹的产生都与胶原蛋白流失、缺水等因素导致的皮肤松弛下垂有关。网上流行的单纯按摩法并不能补充肌肤缺少的水分或胶原蛋白，所以达不到除皱的效果。

玻尿酸有“上帝的黏土”之称，它是肌肤自身保持水分、润泽度和饱满度所必须的成分。玻尿酸注射除皱就是将玻尿酸精准地注射入面部的特定部位进行除皱，由于玻尿酸是一种原本就存在于人体组织中的自然物质，所以注入后能与人体本身的玻尿酸和胶原蛋白互相结合，被人体充分利用，达到平顺、自然的效果。

玻尿酸可以用来填充各种静态纹路，如鱼尾纹、法令纹、嘴角纹及双侧下颌皱纹等，还可以填补肌肤因老化和失水而导致的干瘪和凹陷，如塑造饱满的苹果肌。

注射玻尿酸的部位3天内尽量避免触碰，注射部位的表情不要太过夸张，不要暴晒，3天内不宜食辛辣刺激之物，避免剧烈运动。一般可维持半年到一年，维持时间长短还要根据个人体质、年龄、注射的部位有关。

肉毒素——动态皱纹

有些女性在笑起来的时候表情纹就特别深，显得显老，这个时候就需要肉毒素的帮忙啦！与玻尿酸相比，肉毒素更多用于消除动态表情产生的皱纹。

肉毒素针对眉间纹、抬头纹、眼角纹等表情纹，它是克服动态表情纹的有效方案，同时它还可以用于瘦脸。注射时将肉毒素直接注射入皮肤深层，它会将造成皱纹的肌肉松弛性麻痹，从而“放松”表情肌，减弱形成皱纹的浅表肌张力。通常一周后皱纹就会逐渐展平，恢复年轻、平滑的理想状态。

有人说肉毒素注入之后会呈现一种表情僵硬的状态，那是因为注入肉毒素之后，肌肤会有明显的改善，而一些爱美人士过度追求注射后脸上光滑的效果，所以一再地注射肉毒素，造成了僵硬的后果。另一方面，注射后需要有一个反应期，一周左右，肉毒素充分发挥作用之后，会更自然。

热玛吉

热玛吉又名塑美极（thermage），它能够通过一次治疗达到显著提拉、紧肤、除皱的效果，而且效果可以维持数年，可以说是“减龄神器”。

热玛吉是一种很安全的治疗方式，它高能高频，重构胶原支架，是一种专业的非手术设备。利用专利性的治疗探头将高能量的高频电波传导至皮肤层，刺激皮下水分子产生热能，使胶原蛋白遇热收缩、再生，达到紧致提拉、减少松弛和双下巴的效果。单次治疗即有效果。

热玛吉深度直达皱纹和组织松弛的根源，真正刺激胶原的新生。因而可改善面部细纹、松弛下垂、粗糙黯黄以及眼袋等多种皮肤衰老问题。针对身体的其他部位也有较好的塑形效果，能紧实背部、腰腹部的脂肪，特别适合改善减肥后的松弛肌肤，改善身体线条的同时更带来紧实的肌肤质感。

果酸焕肤

扒掉皮肤丑陋外壳在医学美容中叫焕肤，理念如剥了壳的荔枝，剥了皮的鸡蛋。焕肤是利用某种干预形成皮肤的可控性损伤，启动创伤愈合机制，使皮肤发生重建，变得更光滑、白嫩。

果酸焕肤可以使皮肤脱皮，去除老化表皮，让肌肤看起来细致光滑。果酸去角质的作用因随着皮肤对果酸的适应会逐渐减弱，结果是角质层变得规则，表皮细胞层变厚，果酸的酸度 pH 值决定了它对皮肤的效果，以及它改变皮肤酸度的能力。理想的果酸酸度在 2.8~4.8 之间，对表皮的新生最具效果。

果酸属于光敏剂，治疗后需防晒，外出时应使用日光防护系数值大于 SPF15 同时有防护长波紫外线功能的防晒霜。

超声刀

超声刀并不是我们平时看到的一把刀，而是利用聚焦的超声波，体外操作，可达到体内治疗。在除皱、紧致、提拉、塑形上的效果非常好，它的效果是渐进式的。

超声刀是以高强度聚焦式超音波作用于皮肤，并且有不同的探头，可分别作用到表皮、真皮层及以往只有手术拉皮才能达到的筋膜层，可由深到浅带动皮肤紧致提拉，一次治疗就可以达到明显的年轻化效果，随着胶原的不断增生重组，呈现整体年轻化状态。

单次全脸治疗的时间只需 30~50 分钟，多数人在治疗后 2~6 个月效果最为明显，做一次效果大约可维持 1~2 年，如果配合后期的保养，持续的时间会更长久。

2 拜拜“枯井脸” 做水嫩女人

想要肌肤看上去年轻有光泽，就需要肌肤平滑细腻，充满水分。保湿水、保湿霜、保湿油……但凡跟“保湿”俩字沾边的，通通往脸上敷，可过程繁琐，花钱不少，回报却甚微？那么见效快的医美手段或许是个不错的选择。

小气泡

深层洁肤是第一步，日常的洁面都只是在皮肤表面做清洁，无法清洁到皮肤深层的污垢，所以面部肌肤问题总是难以解决。超微小气泡深层洁面护理系统的出现，就可以帮我们解决这个难题了！它可将皮肤深层垃圾通通一网打尽，还我们一个干净如初的嫩滑脸蛋！

超微小气泡深层洁面的原理是通过真空负压形成真空回路，将超微小气泡和营养液充分结合，通过特殊设计的小螺旋形吸头直接作用于皮肤，且能保持超微小气泡长时间接触皮肤，促进剥离作用。超微小气泡与吸附作用相结合，在安全没有疼痛的状态下，能深层洁面，去除老化角质细胞，彻底清除毛囊漏斗部的各种杂质、螨虫及油脂残留物，使皮肤细腻有光泽。再结合激光收缩毛孔，可蜕变成无瑕肌肤。

水光针

水光针是通过手工注射或仪器导入将透明质酸、PRP 生长因子、肉毒素等医学美肤营养配方经过科学配比，注入真皮层，它能刺激肌肤新陈代谢加快，迅速排出体内的黑色素，改善黯黄干燥的肌肤，提亮肤色，令注射后的皮肤紧致白皙，饱满水润。

注射过程大概半小时，注射面积大，皮肤表面会有密集的针孔，可能会轻微出血，但针孔很小，基本可以正常见人。

由于是浅层注射，只宜注射易弥散、好分解的中小分子成分，决定了水光针维持效果的时间大多不超过 3 个月，之后会被代谢吸收。想要持久的效果，通常 4 次为一个疗程，前三次每隔 1 个月做一次，之后隔 3 个月再进行一次巩固效果。

PRP 自体干细胞嫩肤

PRP 自体干细胞取自于自己的血液，PRP 自体干细胞嫩肤就是萃取出富含生长因子的血小板——PRP，把 PRP 注入肌肤真皮浅层中，利用血小板中的多种生长因子激活肌肤中的胶原蛋白、弹性纤维和胶质等多个组织大量新生和重新排列，促进皮肤再生长，可以保持皮肤年轻化，达到除皱嫩肤，刺激蛋白再生的美容效果。

不过该方法危险系数稍高，对于细胞分离技术及无菌环境的要求很高。

3 斑点反击战

自拍再也不用开美颜

色斑成因比较多元化，日晒和内分泌等因素错综复杂，调理起来费时费力，即使通过保养或医美手段去除，也需要保持警惕，否则一旦疏忽，色斑同样会反弹。

脉冲光

多波长，一般为 500nm~1200nm，采用可调式连续光谱，针对大面积的色斑和肤色不均，不同程度的色素会吸收不同能量的光，使色斑内的色素及色素细胞受热、凝固并枯萎，进而被分解，从而达到理想的祛斑效果。比较柔和，没有伤口，恢复快。治疗间隔通常为 3~4 周。强脉冲光对于去除较浅的雀斑有显著效果。

激光

单波长、平行、单调，利用热凝结或震波原理进行作用，能在不损伤正常皮肤的情况下，将特定波长的光束透过表皮，找出斑源，直达斑根，破坏色素细胞和色素颗粒，碎片经由体内的巨噬细胞处理吸收，安全不留疤痕。点状输出，作用范围小，比较精准。对于较深的色斑和雀斑，使用激光效果会更好更彻底。会有些许痛感，治疗后需要一周时间等结痂脱落，治疗间隔时间 2 个月为佳。新生色斑因为颜色较淡，在治疗时激光的针对性不是很强，选择性光热作用发挥不大，因此不建议对颜色较淡、不容易看清楚的斑盲目进行激光治疗，反而有可能会加深。这类斑点还是建议使用淡斑产品，即使效果显现的速度慢一些，毕竟安全。

美白针

美白针的成分大多是抗氧化成分，其中包括谷胱甘肽、传明酸和维生素 C 等。谷光甘肽有助于身体排毒，也可帮助细胞抗氧化，传明酸则可以用来控制黑色素的酵素作用，减少黑色素形成。由于美白针是使用抗氧化的原理抑制黑色素的形成，所以对于因面部色斑与全身肤色较暗者、皮肤需要修护者、生活不规律而导致肤色不佳者的美白有十分显著的效果。但对于因内分泌造成的色素问题，如黄褐斑或黑皮症的效果较差。

爱美的女性对于提升颜值这件事情从来没有停止过追逐的步伐，越来越多的人开始不满足于通过使用护肤产品来实现肌肤状态的改善，尤其是那些脸上有痘印、色斑等肌肤问题的女性。相对于护肤品来说，医学美容手段可以在更短的时间内改善肌肤，因此赢得了一部分人的喜爱，但医学美容的缺点是价钱较贵，还要专门留出时间定期去美容机构做疗程，这也让很多想要通过医学美容方法变美的女性望而却步。Don’t Worry！伊然老师要给你一个秘密武器！价钱美好，而且又很小巧方便的家用型医学美容仪器，帮你轻松解决这些难题！

就是这款时光姬【AirMCL】光电活肤仪！是不是看起来像一个遮阳帽？没错，它使用起来也很简单，像戴太阳帽一样戴在头上罩在面部就可以了，它含有红、蓝、白三种生物光，内含负离子技术，针对皱纹、黑色素和痤疮有很好的治疗改善作用，还可以配合平时的基础护肤品使用，如面膜和精华液，让护肤效果加乘！当然还有更加厉害的！这款仪器配备 APP 操控，一键智享美，并且有专业美肤人士一对一服务，针对你的肌肤问题制定出最适合的光疗方案！有了它，在家就可以享受到专业级的医学美容护肤，白皙、水嫩、细致的好皮肤自然也可以留住了！

图书在版编目（CIP）数据

伊然美丽 : 从怀孕开始的变美魔法 / 伊然著. --北京 : 电子工业出版社, 2017.2

ISBN 978-7-121-30405-7

Ⅰ. ①伊… Ⅱ. ①伊… Ⅲ. ①孕妇－美容－基本知识 Ⅳ. ①TS974.1

中国版本图书馆CIP数据核字(2016)第279664号

责任编辑：张　铁

印　　刷：中国电影出版社印刷厂

装　　订：中国电影出版社印刷厂

出版发行：电子工业出版社

北京市海淀区万寿路173信箱　　邮编：100036

开　　本：787*1092　1/16　印张：12　　字数：184千字

版　　次：2017年2月第1版

印　　次：2017年2月第1次印刷

定　　价：55.00元

凡所购买电子工业出版社图书有缺损问题，请向购买书店调换。若书店售缺，请与本社发行部联系，联系及邮购电话：（010）88254888，88258888。

质量投诉请发邮件至zlts@phei.com.cn，盗版侵权举报请发邮件至dbqq@phei.com.cn。

本书咨询电邮：lily@phei.com.cn　咨询电话：（010）68250802。